電気・電子系 教科書シリーズ 25

情報通信システム（改訂版）

学術博士 岡田　正
工学博士 桑原 裕史　共著

コロナ社

電気・電子系 教科書シリーズ編集委員会	
編集委員長 高橋　　寛	（日本大学名誉教授・工学博士）
幹　　　事 湯田　幸八	（東京工業高等専門学校名誉教授）
編 集 委 員 江間　　敏	（沼津工業高等専門学校）
（五十音順）　竹下　鉄夫	（豊田工業高等専門学校・工学博士）
多田　泰芳	（群馬工業高等専門学校名誉教授・博士（工））
中澤　達夫	（長野工業高等専門学校・工学博士）
西山　明彦	（東京都立工業高等専門学校名誉教授・工学博士）

（2006年11月現在）

刊行のことば

　電気・電子・情報などの分野における技術の進歩の速さは，ここで改めて取り上げるまでもありません。極端な言い方をすれば，昨日まで研究・開発の途上にあったものが，今日は製品として市場に登場して広く使われるようになり，明日はそれが陳腐なものとして忘れ去られるというような状態です。このように目まぐるしく変化している社会に対して，そこで十分に活躍できるような卒業生を送り出さなければならない私たち教員にとって，在学中にどのようなことをどの程度まで理解させ，身に付けさせておくかは重要な問題です。

　現在，各大学・高専・短大などでは，それぞれに工夫された独自のカリキュラムがあり，これに従って教育が行われています。このとき，一般には教科書が使われていますが，それぞれの科目を担当する教員が独自に教科書を選んだ場合には，科目相互間の連絡が必ずしも十分ではないために，貴重な時間に一部重複した内容が講義されたり，逆に必要な事項が漏れてしまったりすることも考えられます。このようなことを防いで効率的な教育を行うための一助として，広い視野に立って妥当と思われる教育内容を組織的に分割・配列して作られた教科書のシリーズを世に問うことは，出版社としての大切な仕事の一つであると思います。

　この「電気・電子系 教科書シリーズ」も，以上のような考え方のもとに企画・編集されましたが，当然のことながら広大な電気・電子系の全分野を網羅するには至っていません。特に，全体として強電系統のものが少なくなっていますが，これはどこの大学・高専等でもそうであるように，カリキュラムの中で関連科目の占める割合が極端に少なくなっていることと，科目担当者すなわち執筆者が得にくくなっていることを反映しているものであり，これらの点については刊行後に諸先生方のご意見，ご提案をいただき，必要と思われる項目

については，追加を検討するつもりでいます。

　このシリーズの執筆者は，高専の先生方を中心としています。しかし，非常に初歩的なところから入って高度な技術を理解できるまでに教育することについて，長い経験を積まれた著者による，示唆に富む記述は，多様な学生を受け入れている現在の大学教育の現場にとっても有用な指針となり得るものと確信して，「電気・電子系　教科書シリーズ」として刊行することにいたしました。

　これからの新しい時代の教科書として，高専はもとより，大学・短大においても，広くご活用いただけることを願っています。

　1999年4月

編集委員長　高　橋　　寛

改訂版の出版にあたり

　今回の改訂では，重要性を増したり初版で不足していた事項を追加するとともに，記述の古くなった部分を見直し，情報通信技術の進展に適合するよう努めた．携帯電話，無線LAN，IPv6，ソケット通信などの追加を行うとともに，技術の進展に伴う変化や社会情勢に対応させて，システム名称やRFC番号などを更新した．

　一方で，現在は使われなくなった技術であっても，考え方として重要なものは，あえて残している．これは，最新技術を真に使いこなすには，その歴史や背後にある考え方を理解することが重要であると考えたからである．単に表面的な使い方を覚えるのではなく，本質に触れて技術の深い理解のために利用いただけたらと思っている．

　一段と重要性の増している情報通信技術を基本から理解し，さらなる進展に寄与できるよう活用していただけたら幸いである．

　2007年2月

執筆者を代表して　岡田　正

まえがき

　携帯電話やインターネットに代表されるように情報通信システムが身近なものになり，社会のあり方を変えるほどの影響を与えている。電子メールによる情報交換，WWWホームページによる情報発信など，新しい情報通信技術を使った仕組みが日常生活にまで浸透しつつある。工学系の技術を学ぶ者にとって，情報通信システムの基本となる技術を理解したうえで，これらの仕組みを正しく利用できることが要求される時代となってきた。しかし，現在の情報通信システムは，電気通信技術，コンピュータネットワーク技術，放送技術，情報処理技術など非常に多くの技術の複合体である。このため，これまでの学問体系に収まらない広がりを持っており，学習にあたって必要事項を適切にまとめた書籍が必要とされている。

　本書は，工学系の技術を学ぶ電気・電子・情報系の学生を対象に，情報通信システムに関連した技術全般についての知識を提供することを目的にして，基本となる考え方から実際の応用まで，現代の情報通信システムの全体像を扱っている。非常に広範にわたる内容であるが，つぎのようなことに心がけてまとめたつもりである。

- 基本となる考え方から応用までをバランスよく取り上げる。
- 理論よりも実際に使われている技術を扱う。
- 基本概念と用語を網羅し，どの分野の用語かわかるようにする。
- 専門用語には極力英語を付ける。

　本書は，広い範囲の内容を一定のレベルで網羅しているように心がけている。したがって，教科書や参考書として二つの使い方が考えられる。一つは，全部を通読することで，情報システムの全体像を理解するのに使っていただける。もう一つは，特定領域の位置付けを理解するために使い，その領域の掘り

下げた理解のために資料などを併用する使い方である．なお，演習問題は，すぐに解答の出せるようなものは少なくしてある．細かな知識を問うよりも，実際に使われている例を調べたり，みずから知識を整理するほうが望ましいと考えたからである．利用される場合，この点をご了解願いたい．

　本書の執筆にあたっては，1章から3章を桑原が，4章から10章を岡田が担当し，全体のまとめと調整を岡田が行った．もとより，著者たちが本書のすべての分野に精通しているわけではなく，思わぬ誤りやバランスを欠いた面があろうかと考える．また，もとになる分野が異なっている場合，専門用語の不統一があるかもしれない．さらに，変化の激しい分野であり，利用者数のデータが古くなったりや RFC 番号が更新されてしまうかもしれない．お気付きの点やご意見があれば，下記までぜひ連絡いただくようお願いしたい．

　連絡先：桑原（kuwabara@info.suzuka-ct.ac.jp）
　　　　　岡田（okada@tsuyama-ct.ac.jp）

お寄せいただいた内容をもとに，技術の進展に合わせて改訂の折には訂正したいと考えている．

　広範にわたる分野の知識を整理するのに利用させていただいた，巻末に掲げた参考文献の著者の皆様にお礼申し上げる．

　また，これからの技術者，特にあらゆる情報に関与する機会のある情報通信技術者は，技術的に間違いのない処理を行うことはもとより，高い倫理観を持って社会に貢献することが求められるので，付録として情報処理学会と電子情報通信学会の倫理綱領を，許可を得て転載させていただいた．両学会と関係者に感謝申し上げる．

　さらに，本書をまとめる機会を与えていただいた編集委員会の先生方，特に有益なコメントをいただいた豊田高専の竹下鉄夫先生と，拙ない原稿を本の形にしていただいたコロナ社の皆さまに感謝申し上げる．

1999 年 11 月

執筆者を代表して　岡田　正

目　　　次

1. 　情報通信の歴史

1.1　は　じ　め　に ……………………………………………………*1*
1.2　アナログ通信とディジタル通信 …………………………………*3*
1.3　交換方式の歴史 ……………………………………………………*5*
1.4　放送系メディアの歴史 ……………………………………………*7*
1.5　通信サービスの歴史 ………………………………………………*9*
　1.5.1　ディジタル通信サービスの歴史 ……………………………*9*
　1.5.2　専用線サービスの歴史 ………………………………………*10*
　1.5.3　ファクシミリサービスの歴史 ………………………………*11*
　1.5.4　パーソナルホンの出現 ………………………………………*12*
1.6　インターネットの歴史 ……………………………………………*14*
1.7　IP 電話の実現 ……………………………………………………*16*
演 習 問 題 ………………………………………………………………*18*

2. 　ネットワーク

2.1　ネットワークの分類 ………………………………………………*19*
2.2　電気通信事業者の区分 ……………………………………………*21*
2.3　ネットワークの構成と経路制御 …………………………………*22*
　2.3.1　電　話　網 ……………………………………………………*22*
　2.3.2　データ通信網 …………………………………………………*25*
　2.3.3　ISDN ……………………………………………………………*26*
　2.3.4　ADSL 網 ………………………………………………………*27*
　2.3.5　ファクシミリ通信網 …………………………………………*28*

2.3.6　パソコンネットワーク …………………………………………28
　　　2.3.7　衛星通信網 ……………………………………………………29
　　　2.3.8　移動体通信 ……………………………………………………29
　　　2.3.9　その他の通信網 ………………………………………………32
　演習問題 ………………………………………………………………………32

3.　通信サービスの基本事項

3.1　識別番号 …………………………………………………………………33
3.2　課　　　金 ………………………………………………………………35
3.3　サービス品質 ……………………………………………………………37
　　　3.3.1　接　続　品　質 ………………………………………………37
　　　3.3.2　安　定　品　質 ………………………………………………38
　　　3.3.3　伝　送　品　質 ………………………………………………39
3.4　ネットワークの安全性 …………………………………………………41
　　　3.4.1　ネットワークの信頼性向上 …………………………………41
　　　3.4.2　ネットワークの機密管理 ……………………………………42
　演習問題 ………………………………………………………………………44

4.　標本化と符号化

4.1　アナログ信号のディジタル化 …………………………………………45
4.2　PCM通信と伝送速度 …………………………………………………48
　演習問題 ………………………………………………………………………50

5.　ディジタルネットワーク

5.1　データ通信ネットワーク ………………………………………………51
　　　5.1.1　ディジタル信号と伝送路 ……………………………………52
　　　5.1.2　交　換　方　式 ………………………………………………57
　　　5.1.3　プロトコルの意義 ……………………………………………59
　　　5.1.4　HDLC　手　順 ………………………………………………60

目　次

5.2	回線交換方式	63
5.3	パケット交換方式	65
5.4	ISDN	67
	5.4.1　N-ISDN	68
	5.4.2　N-ISDNのプロトコルとサービス	70
	5.4.3　N-ISDNの発展	71
演習問題		73

6.　ネットワークアーキテクチャ

6.1	ネットワークアーキテクチャ	74
6.2	ネットワークトポロジー	76
6.3	伝送メディア	79
6.4	変調方式	79
6.5	メディアアクセス制御	80
	6.5.1　TDMA方式	81
	6.5.2　トークン制御方式	81
	6.5.3　CSMA/CD方式	83
6.6	ネットワーク装置	85
演習問題		88

7.　通信プロトコル

7.1	仮想化と階層化	89
7.2	プロトコル階層の論理モデル	90
7.3	OSI参照モデル	94
	7.3.1　各層の意味	94
	7.3.2　各層の分類	96
	7.3.3　OSI参照モデルの意義	97
7.4	TCP/IP	98
	7.4.1　TCP/IPの階層化構造	98

目　次　ix

　　7.4.2　TCP/IP のサブプロトコル …………………………………… 100
7.5　　IP ア ド レ ス ……………………………………………………… 102
　　7.5.1　IP アドレスの管理 ……………………………………………… 102
　　7.5.2　表記とクラス分け ……………………………………………… 103
　　7.5.3　サ ブ ネ ッ ト …………………………………………………… 105
　　7.5.4　特殊なアドレス ………………………………………………… 106
　　7.5.5　CIDR ……………………………………………………………… 106
　　7.5.6　IPv 6 ……………………………………………………………… 107
7.6　　ソケット通信 …………………………………………………… 108
演習問題 ……………………………………………………………………… 110

8.　LAN とインターネット

8.1　　LAN ……………………………………………………………… 111
8.2　　ネットワーク規格の標準化 …………………………………… 114
　　8.2.1　標準化組織と規格 ……………………………………………… 114
　　8.2.2　IEEE 802.3（CSMA/CD 方式）………………………………… 116
　　8.2.3　IEEE 802.4（トークンバス方式）……………………………… 118
　　8.2.4　IEEE 802.5（トークンリング方式）…………………………… 119
　　8.2.5　ANSI FDDI（トークンリング方式）…………………………… 122
　　8.2.6　IEEE 802.11（無線 LAN）……………………………………… 123
8.3　　インターネット ………………………………………………… 127
8.4　　経　路　制　御 ………………………………………………… 130
8.5　　DNS ……………………………………………………………… 132
　　8.5.1　ドメイン階層 …………………………………………………… 133
　　8.5.2　ネームサーバ …………………………………………………… 135
演習問題 ……………………………………………………………………… 138

9.　ネットワークサービス ―インターネットアプリケーション―

9.1　　電 子 メ ー ル …………………………………………………… 139
　　9.1.1　電子メールの仕組み …………………………………………… 139

9.1.2	電子メールの機能拡張	142
9.1.3	電子メールの特徴	143
9.1.4	メーリングリスト	144
9.2	ネットニュース	145
9.3	仮想端末	149
9.4	ファイル転送	150
9.5	WWW	151
演習問題		155

10. ATM とマルチメディア通信

10.1	B-ISDN と ATM	157
10.1.1	高速化と B-ISDN	158
10.1.2	B-ISDN の高機能性	159
10.1.3	B-ISDN の多重化系列	160
10.2	ATM	163
10.2.1	ATM 伝送の特徴	164
10.2.2	ATM 伝送網のプロトコル	165
10.2.3	ATM-LAN の実現技術と応用	168
10.3	マルチメディア通信の応用	170
10.3.1	マルチメディア通信会議	170
10.3.2	VOD	172
演習問題		174

付録	技術者の倫理	175
参考文献		179
演習問題解答		181
索引		185

1

情報通信の歴史

情報通信システムで使われている技術を学ぶうえでの前提として，これらの技術がどのように発展してきたかを概観する。情報通信は，コンピュータの発達と情報化，放送メディアや社会とのかかわりなど，多方面に関係している。これらの流れを簡単に取り上げる。また，本書の残りの章との関係を示すとともに，後に出てこない専門用語には脚注に簡単な解説を付す。

1.1 は じ め に

人類の誕生以来，人々は遠隔地にいる仲間と意志の疎通を行いたいという欲望を持ち，たいまつや狼煙などを使った通信が紀元前からすでに行われてきた。戦いの勝敗もこの情報伝達の遅速によって変わることも少なくなく，紀元前 1000 年のギリシャとトロヤの戦争では，ギリシャ軍がトロヤの戦場からたいまつをリレーして遠く戦勝を報告したと伝えられている。近代的な通信はシャッペ（C. Chappe, 1763-1805）が開発した腕木式光通信システムから始まったと考えられる。腕木の組合せで情報を送るこの手法は，18〜19 世紀にヨーロッパで隆盛し，当時，すでに 200 km を超える通信が可能であった。

その後，ヨーロッパで鉄道が普及するようになり，列車の到着に先立ってその情報を入手する必要性が生じるようになった。これが引き金になって電信が急速に発展し始めた。1809 年ゼメリング（S. T. von Sommering, 1755-1830）の電気化学的電信機の発明，シリング（P. von C. Schilling, 1786-1837）による電磁現象を利用した電信機の発明などに始まり，1871 年から 1874 年にかけ

ては印字電信・多重電信などのさまざまなアイディアが発表された。これに続き，1876年にはグラハム・ベル（A. Graham Bell, 1847-1922）が電話機の特許を取得した。ベルの電話機の発明の翌年から電話交換機が実用化され，その後，さまざまな電話交換機が発表された。なかでも，1887年ストロージャ（A. B. Strowger, 1847-1905）によって自動交換方式が発明され，その後，数十年にわたって主力交換機の役を果たすこととなった。

　有線の電話は，装荷電線†，同軸ケーブル，光ファイバなど，伝送路（**5.1.1**項）の順次の発明を経て，今日のディジタル通信にまで発展をしてきた。このディジタル通信の進歩は，20世紀中ごろのコンピュータの発明・発展に合わせ相乗的に達成されたものであって，今日のインターネット（**8.3**節参照）で代表されるように，われわれ個人の机上で音声・動画など多様な形態の世界中の情報を瞬時に入手利用できるまでになった。

　一方，無線による情報通信は1849年の誘導無線のアイディアからスタートした。電磁波の存在は1864年，マクスウェル（J. C. Maxwell, 1831-1878）により理論的に証明されていたが，その後30年の年月を経て1895年マルコーニ（G. Marconi, 1874-1937）により無線通信が発明された。

　1915年にはアメリカとフランスとの間の無線電話の実験が成功して，これが大陸間の電話通話の先駆けとなった。その後，無線通信の技術は個人間の情報交換だけでなく，マスコミュニケーションの手段としてラジオ・テレビに利用され，通信衛星による全世界的な通信へと飛躍的な発展を遂げることになった。無線通信はアナログ通信を主体に進歩をしてきたが，半導体技術による高集積化と高速化によって，テレビ放送まですべてディジタル化されようという時代に至っている。

---

† 装荷電線（loaded cable）：線路の伝送損失を低下させるために，線路中に装荷コイルと呼ばれるインダクタンスを挿入したアナログ伝送用の電線。

1.2 アナログ通信とディジタル通信

　紀元前から利用されている狼煙やたいまつ，また19世紀前半にモールス（S. F. B. Morse, 1791-1872）によって発明された電気を用いた通信技術である**モールス通信**[†1]など，われわれの通信はディジタル通信から始まった．その後，20世紀初頭の真空管の発明によって，**振幅変調**[†2]**方式，周波数変調**[†3]**方式**を中心とするアナログ通信方式が開発され，ラジオ・テレビなどの放送文化もこれによって発展してきた．この陰で，ディジタル通信はIC技術によって目を覚まされるまで100年間の眠りについていた．

　電話回線による音声通信システムは，放送システムとともにアナログの通信技術によって構築された最大の通信システムといえる．1970年代の**C60M**[†4]**方式**はアナログ通信の代表的なもので，当時の情報通信技術の粋を尽くしたものであった．これには**周波数分割多重方式**[†5]が採用され，同軸ケーブルを用いた電話の大容量同時通話（10 800チャネル）を実現した．この方式はディジタル方式に置き換わる1990年代初頭まで，情報社会の基盤として中心的役割を果たした．

　近代ディジタル通信技術の幕開けは1952年，American Airline (AA) 社の座席予約システムで採用された一般電話回線（音声信号用）を使用してパル

[†1] モールス通信（Morse communication）：長短2種類の符号の組合せで文字や記号を表すコードを使用する通信方法で，電流・電波の断続などで長短の符号を送信する．

[†2] 振幅変調（amplitude modulation：AM）：送信しようとする低周波信号の振幅に合わせ搬送波の振幅に強弱をつけることによって低周波を送信するための手法．AMラジオ放送では，この振幅変調が利用されている．アナログ信号でビットデータを送信するためにも使用される．この場合，データの0/1によって搬送波の振幅を変える．

[†3] 周波数変調（frequency modulation：FM）：送信しようとする低周波信号の振幅に合わせ，搬送波の周波数に微少の変化をつけることによって低周波を送信するための手法．FMラジオ放送では，この周波数変調が利用されている．

[†4] C60M：同軸ケーブルを使ったアナログ多重化伝送の一方式．

[†5] 周波数分割多重（frequency division multiplexing：FDM）方式：音声帯域信号で周波数の異なる搬送波を変調し，1本の伝送線で同時に多くの信号を伝送する多重通信方式．

ス信号を伝送するものであった．本格的なディジタル通信は，米国のT-1方式（1961）やわが国のPCM 24方式（1964）の，近距離**PCM**（pulse code modulation）通信システムの実用化から始まった（PCMに関しては **4.2** 節参照）．当時，マサチューセッツ工科大学（Massachusetts Institute of Technology：MIT）を中心とする研究グループによって **TSS**（time sharing system）[†]**方式**によるコンピュータの利用が提案され，これにはデータ通信の高速化と安定性が強く要望された．さらに1960年代後半からコンピュータを利用する通信に**パケット交換**（packet exchange）が盛んに利用されるようになった．

1980年代に入ると，超高速PCM通信が導入されるようになり，日本では1988年4月世界に先駆け **ISDN**（integrated services digital network）の商用サービスを開始した．ISDNは不特定多数の加入者相互間を結ぶいわゆる公衆交換網を利用しながら，音声，データ，画像などいわゆるマルチメディアを一つの回線で伝送できるディジタルネットワークである（**5.4** 節参照）．これには回線交換とパケット交換の双方が利用できるが，昨今のインターネットブームによってパケット通信による高速のデータ通信の需要も増加した．家庭まで光ファイバを引き，それを利用した**広帯域ISDN**（B-ISDN）（**10.1** 節参照）による光通信によって，テレビ電話・テレビ会議や動画を含んだエンターテイメント，情報検索などマルチメディア通信サービスの提供も計画されたものの，家庭に引かれた光ファイバを用いる新しい光通信やメタル回線を用いた高速のADSL通信によるIP網への接続サービスの台頭により実現に至っていない．この新しい高速通信サービスには，B-ISDNで計画されたさまざまなサービスとともに，IP網への接続の利点を生かしたIP電話など新しいサービスが盛り込まれ，今後ますます発展すると考えられる．

マスコミュニケーションの代表である放送のディジタル化も近年の話題であ

[†] TSS（time sharing system）：時分割システム．コンピュータの処理時間を細かく分割して，複数の処理にあて，あたかも同時に多人数の処理を行っているように見せるコンピュータの利用形態．

る．ディジタル化放送は，高品質・高機能化を実現するとともに，限定された電波資源を多チャネル化によって高度に利用するなど，さまざまな利点をもたらすものと期待される．総務省は今後のテレビ放送をすべてディジタル方式に変更する計画を持っており，2011年にはすべてのテレビがディジタル化される方向である．それに伴い，現在の**VHF帯**[†1]はディジタルラジオに割り当てられ，放送サービスも今後大きな変化の時代を迎えることとなろう．

1.3 交換方式の歴史

電話サービスの根幹である電話交換の作業は，開始当初は人手による交換作業であった．1887年アメリカのストロージャ（既出）によって最初の実用的な自動交換システムが発明された．このストロージャ交換機（**ステップバイステップ交換機**[†2]）は，1938年に開発され，1950年代に活性化したクロスバ交換機（*5.2*節参照）が現れるまで標準方式として使用された．この方式で代表される19世紀から今日まで用いられてきた技術は，回線交換と呼ばれる交換方式であり，通話中は仮に無言であっても回線が占有される．この方式は，非効率的ではあるが，連続性やリアルタイム性に優れ，画像と音声の同期を必要とするマルチメディア通信には適した方法である（*5.2*節参照）．

一方，データ通信を効率的に行う目的で開発されたのがパケット交換方式である（*5.3*節参照）．これは1969年アメリカの国防総省が開発したARPANETにおいて，全国に分散したコンピュータを**WAN**[†3]で相互接続するために初めて用いられた．ここで採用されたパケット交換方式は，1964年

[†1] VHF帯（very high frequency band）：30〜300 MHzの周波数帯で，1〜10 mの波長を持ち超短波と呼ぶ．FM放送，テレビ放送，ポケベル，警察無線，航空管制通信などに利用されている．

[†2] ステップバイステップ交換機（step-by-step switching system）：リレースイッチなどの電磁機構部品を用いて構成し，ダイヤルパルスによりスイッチを直接駆動することで選択接続する自動交換機．

[†3] WAN（wide area network）：遠隔地にあるコンピュータや局所的なネットワーク（LAN：local area network）を通信回線網を使って接続した広域ネットワーク．

1. 情報通信の歴史

アメリカ空軍の委託を受けた RAND Corporation のポール・バラン（Paul Baran）が提案したものであった。現在，**付加価値通信網（VAN）**[†1]の基幹技術としてパケット交換ネットワークが使われている。

　回線交換方式とパケット交換方式の両方を組み合わせたディジタルネットワークとして N-ISDN がある（**5.4**節参照）。これは，情報をすべてディジタル信号で扱うことができるために，アナログ電話網とは異なったアプリケーションで利用できる。高速の LAN 間接続，G4 ファクシミリ（高速・高精細ファクシミリ），国際テレビ会議，**MPEG1**[†2]オーディオ（**2**章のコーヒーブレークも参照）に準拠した通信カラオケなどでの利用がなじみ深いものである。

　一方，マルチメディア通信のための交換方式については，別途 ITU などの場で議論がなされた。ここで登場するのが **ATM**（asynchronous transfer mode）**交換方式**（**10.2**節参照）であり，この方式を採用したネットワークによって本格的マルチメディア通信のためのバックボーンが完成することになる。

　ATM 方式は回線交換方式とパケット交換方式の両者を兼ね備えたアーキテクチャをもち，短いパケット長のデータ単位でメガビットからギガビットの伝送速度まで柔軟に対応できる低遅延・高速ネットワークである。この交換方式は，交換処理の大部分をハードウェアで行い，この次世代 WAN ともいえるネットワークは，すでに NTT によって商用サービスが開始されている。なお，この ATM は日本の **FTTH**（fiber to the home）（**5**章のコーヒーブレイク参照）と関連してさまざまなアプリケーションへの展開が期待されている。

[†1] VAN（value added network）：付加価値通信網。プロトコル変換，コード変換，メディア変換などさまざまな高度な通信処理機能を盛り込んで通信回線を提供するサービス。

[†2] MPEG（moving picture experts group）：カラー動画蓄積のための符号化の標準化を行うための組織名。同時に，その符号化方式をいう。MPEG 1, MPEG 2, MPEG 4 などの方式があり，それぞれ，1.5 Mbps の転送速度で CD-ROM 用，数十 Mbps の転送速度で HDTV 用，数 kbps の速度で移動通信用を想定したもの。MPEG 3 は MPEG 2 に吸収された。MPEG 7 と MPEG 21 は動画用の規格ではない。

1.4 放送系メディアの歴史

　放送の歴史について触れてみよう．アメリカ・イギリスにおいてラジオ放送が開始されたのは1920年であり，無線通信の発明以来25年経ってからであった．日本のラジオ放送は，1925年東京放送局で始まり，1951年には民間ラジオ放送が開始された．

　画像を送るために，走査によって画素に分割して送るという考え方は，1843年ベーン（A. Bane, 1818-1903）によって発明されたといわれている．この考え方はテレビだけでなく，ファクシミリの基本原理としても現在に生きている．ニューヨークとシカゴ間で写真伝送が行われたのが1924年，その翌年にはテレビの実験が始まった．一般へのテレビ放送が始まったのが1931年である．国内では，1954年にNHKテレビ放送が始まった．カラーテレビ放送の開始は1960年である．

　日本の衛星放送は，1984年5月より**放送衛星BS 2a**（broadcasting satellite-2a）を利用してNHKが試験放送を開始した．当初2チャネルの予定であったがトランスポンダ（中継器）の故障のため，当初1チャネルでスタートし，BS 2bが1986年に打ち上げられ2チャネルとなった．その後，有料の日本衛星放送，**通信衛星**（communication satellite：CS）を使った有料CSテレビができた．これらはアナログ放送であったが，1996年CSを使ったディジタルテレビ放送が開始された．BSを使ったディジタル音楽放送も行われている．

　1980年代には本格的なマルチメディア情報の究極の例として**ハイビジョンテレビ**（**高精細度テレビ**，high definition television：HDTV）が登場した．しかし，その信号の伝送には150 Mbps（bits per second）以上の伝送速度が必要であろうといわれた．HDTV放送は，従来のテレビの走査線数525本を1125本にして情報量5倍を誇るアナログ方式の高品位放送である．1970年代から80年代にかけて，日本はHDTVの研究では世界をリードしてきたが，

これに対抗するためアメリカの連邦通信委員会（Federal Communication Commission：FCC）は独自の ATV（advanced television）プロジェクトを発足させた．

1990 年にこのプロジェクトのメンバである GI（General Instruments）社は，研究の成果として完全ディジタル方式の**ディジサイファ方式**[†]を発表し，HDTV 信号（約 1.2 Gbps）を約 80 分の 1 の 15 Mbps に圧縮可能であることを示した．この発表はアナログ方式に固執してきた日本やヨーロッパの放送分野の人たちだけではなく，情報のディジタル化に興味を持っていた通信・コンピュータ分野の人の注目を大いに集めた．この結果，ディジタル圧縮の標準化組織である ISO の MPEG において，すでに標準化作業を終えていた MPEG 1 の後の MPEG 2 のテーマに，このディジサイファ方式を含めることを決定した．これによって日本の放送もディジタル HDTV を中心とすることに決定された．このようなわけで，BS-4 先発機（BSAT-1 a および BSAT-1 b（予備衛星））を用いた現在放送中のアナログ MUSE 方式**ハイビジョン放送**は 2007 年に終了し，BS-4 後発機（BSAT-2 a：2000 年に稼動）を用いるディジタル**ハイビジョン放送**に変わる予定である．

一方，衛星ではなく地上のアンテナから送られる電波を利用したディジタルハイビジョン放送が 2003 年に開始され，多チャンネル化・データ双方向化も行えるようになった．地上波ディジタル放送の変調方式は OFDM（*8.2.6* 項参照）の 64 QAM，符号化は MPEG 2 で行われ，UHF 帯域を用いて放送されている．

ケーブルテレビは地上テレビ放送の難視聴を解消するため，一般の放送番組の再送信を中心に行う補完的なものとして 1955 年に開始され，その後自主制作番組も放送されるなど，放送番組は多様化している．また，ケーブルテレビ

[†] ディジサイファ（digicipher）方式：動画像圧縮の国際標準 MPEG に近い基本アルゴリズムを持ち，離散コサイン変換（DCT）と可変長符号化（2 次元ハフマン符号化）を組み合わせた高能率符号化方式を採用し，完全ディジタル放送を世界で初めて実現したディジタルテレビ方式．

幹線の光化など，通信速度の向上が図られ，放送のみならずインターネット接続サービス・IP電話などの通信サービスの提供など，大きな成長を遂げている．IP網の利用については SDTV の画質による実証実験を経て，2008 年には地上ディジタル HDTV 放送の同時再送信が実現するかもしれない．

1.5 通信サービスの歴史

1.5.1 ディジタル通信サービスの歴史

1988 年に NTT は ISDN サービスとして二つの情報チャネル B チャネル 64 kbps と一つの信号チャネル D チャネル 16 kbps の INS 64 の提供を開始した．このサービスによれば，一組の銅線でできた加入者線を使って，電話通話をしながらコンピュータデータが送れるといった画期的なものであった．1989 年には 23 個の B チャネルを束ね，アクセス回線に光ファイバを用いた INS 1500 を開始した．

1990 年代に入ると INS 64 は **POS システム**[†] などへの利用で需要が急増し，1995 年には 100 万回線を突破した．MPEG 1 オーディオ方式を使った通信カラオケ，印刷用電子画像処理製版システム，マルチメディア会議システムなど，INS を使ったビジネス用アプリケーションも増えた．1997 年からは機器の低価格化が進み，インターネット利用のための個人需要も急増してきた．

一方，手軽に利用できるパケット交換サービス **DDX-P** (digital data exchange-packet) が 1980 年 7 月に登場した (*2.3.2* 項参照)．この DDX-P は，保険会社のホストコンピュータと全国の代理店の端末を結んで利用するオンラインシステム，流通小売り業界のクレジットカード取引への利用など多くの分野で使用されている．このパケット通信需要の高まりに対応して，1985 年，NTT は電話網からパケット通信網にアクセスできる **DDX-TP** (DDX-

---

[†] POS (point of sales) システム：販売時点情報管理システムと訳され，スーパーマーケットやコンビニエンスストアなどでネットワーク接続された端末により，店頭での商品ごとの売れ行き状況などをオンラインで管理するシステム．

telephone packet) サービスを開始した。これは，折しも普及が始まったパソコン通信などへの需要に応えることとなった。さらに1990年にINSネットを利用したパケット通信INS-Pもサービスを開始した。このようにパケット通信は，オンラインシステムの中核を担うネットワークサービスとして発展を続けている。

しかし，パケット通信サービスの利用形態も大きく変化してきている。分散形のネットワークの普及とともに，データ伝送も**LAN**で行われることが多くなった。さらに，コンピュータの高機能化は，従来64 kbpsが上限であったパケット通信の伝送速度の高速化要求も生み出した。このような背景の中で，NTTは1994年，**フレームリレー**サービスの提供を開始した。フレームリレーはデータ誤りの際の再送制御を端末側に任せることにより交換機側のソフトウェアを軽減し，伝送速度の高度化を実現したパケット通信の延長上に位置づけられる通信方式である（**5.4.2**項参照）。

さらに，1995年9月には，固定長のデータ（セル）を単位として交換を行う非同期転送モードATM（**10.2**節参照）という新しいネットワーク原理を用いることにより，フレームリレーよりさらに高速・大容量の伝送が可能な**セルリレー**サービスの提供を開始した。

1.5.2 専用線サービスの歴史

1906年東京-横浜間で専用電話が開始された。専用回線は法制度との関連があり長い間副次的なものであったが，順次規制も緩和され，企業通信ネットワークとして積極的に使われるようになってきた。

1985年NTTの民営化に伴い，通信回線の利用が原則自由化された。これによって専用回線サービスも飛躍的に増大することとなった。

NTTが提供する専用線サービスには，電話・ファクシミリ・パソコン通信に適した一般専用サービス，テレビ放送などの動画像を伝送する映像伝送サービス（1970年開始），マルチメディアの高速・大容量伝送が可能な高速ディジタル伝送サービス（1984年開始），同報性・マルチアクセス性・耐災害性を持

つ衛星通信サービス（1984年開始）などがあり，1995年には専用線が120万回線を超えた。

高速ディジタルサービスは当初64 kbpsから6 Mbpsでスタートした。1990年には国際標準であるIインタフェース（**5.4.2**項参照）をサポートする回線を提供している。ところで当時LANの普及には目を見張るものがあり，徐々に100 Mbpsを超えるLANも導入されるようになったので，LANのバックボーンとして事業所間を超高速回線で接続したいというニーズも生まれた。さらに，スーパコンピュータの遠隔地からの利用，ハイビジョンやCATV (cable television) の映像伝送，CAD/CAM (computer aided design/computer aided manufacturing) への利用など，高速・大容量の回線を必要とするアプリケーションが拡大した。

このような状況の中で，国際標準となった**新同期ディジタルハイアラーキ** (synchronous digital hierarchy：**SDH**)（**10.1.3**項参照）に基づく超高速インタフェースの環境も整ったことにより，1993年に単位料金区画での150 Mbps超高速専用サービス，1995年には50 Mbpsと150 Mbpsの広範囲なサービスを開始した。

1.5.3　ファクシミリサービスの歴史

文字や図形をそのまま送りたいという要求に応えるのがファクシミリである。ファクシミリの歴史は電話より古く，1843年ベーン（既出）の画像を走査線で分割するアイディア，1848年のバックウェル（P. Backwell）の電気分解法による電送写真のアイディアが，現在のファクシミリの基本的なアイディアとなっている。近年のファクシミリ技術のポイントは高速化・高精細化の追求であった。特にG3ファクシミリ以降の高速化に寄与したのが画像圧縮技術である。G3ファクシミリにはNTTがKDDとともに開発した**MR**(modified READ)**方式**（前のラインを見ながら差分を計算する方式）が採用され，G4ファクシミリ（ISDN）では，その改良版の**MMR**（modified modified READ）**方式**が採用された。

NTTではファクシミリとネットワークを一つのシステムととらえ，1981年にファクシミリ通信網（Fネット）を構築した。この加入者は1998年には100万回線を超えた。Fネットでは，送信情報をいったんネットワーク内の装置に蓄積し，いっせいに高速回線で送信する方法をとる。このため回線の効率的な使用が可能で，中遠距離通信料金の低減が実現できた。1991年にはFネットとINSネットは相互接続されている。

1.5.4　パーソナルホンの出現

コードレス電話が初めて姿を現したのは1970年の日本万国博覧会であり，この10年後に商品化が行われた。一般に普及するようになったのは，1987年の電波法改正による電話機の自由化以降であった。

ポケットベルは1968年（昭和43年）東京上野のデパートで開催された東京都優秀発明展で初めて紹介された。半年後，東京都23区でサービスを開始，申込みが殺到した。1994年には契約数が930万にもなり，部品のLSI化によって漢字・平仮名の受信表示や送信速度も高速化するなどの充実も行われたものの，昨今の携帯電話の普及に押されてその使命を終息しつつある。

自動車電話第1号は1979年12月に実現した。このサービスの実現にはセル方式が採用された。セルとは一つの無線基地局でカバーできるゾーンのことで，これをいくつか並べてサービスエリアを構成する。隣り合うセル同士は電波干渉しないように異なる周波数にしているが，通話中に隣のセルに移動しても通話がとぎれないよう，ハンドオーバ（handover）という技術を使っている。重量は7kgもあった。1985年には，外に持ち出せるように肩掛け式としたショルダホンが登場した。1987年には体積が500ml，1989年には400mlにまで小形化したものが登場している。その後，徹底的な小形化が目指され1998年には80gのものまで登場した。

携帯電話は1980年，音声波形をそのまま変調して伝送するアナログ携帯電話いわゆる第1世代携帯電話（1G：1st generation）からスタートした。ここでは，**FDMA**（frequency division multiple access：周波数分割多重接続）

という通信方式が採用された．FDMAは，無線通信における多重化方式の一つであり，周波数を複数の帯域に分割し，それぞれの帯域を個々の通話のためのチャネルに割り当てることで，複数の発信者が同時に通信を行う方式である．しかし，携帯電話の普及に伴い，使用する電波の周波数が不足する恐れがでてきた．このため無線ゾーンの半径を小さくする方法などの措置がとられたが，それでも需要に追いつかない状況となった．

そこで，音声波形をビット情報へ変換し送信するディジタル携帯電話が普及しはじめた．この第2世代携帯電話（2G：2nd generation）では，**TDMA**（time division multiple access：時分割多重接続）という通信方式が採用された．この方式はFDMAのように複数の周波数を用いるのではなく，一つの周波数をごく短い時間ごとに区切り，複数の発信者で共有する方式である．その後研究が進み，1995年からは予測を入れて高圧縮とする**PSI-CELP**（pitch synchronous innovation-code excited linear prediction）方式が，さらに複数のユーザが同じ周波数を使うことができる**CDMA**（code division multiple access）方式が採用された．2000年代になると**IMT2000**（international mobile telecomunication 2000）方式と呼ばれるITU（International Telecomunication Union）が標準化を行った第3世代携帯電話（3G：3rd generation）の規格を採用した**W-CDMA**やCDMA2000方式によるサービスが提供されるようになり2Mbpsまでのデータ通信も行えるようになった．

携帯電話サービスのデータ通信端末としての歴史を振り返ると，第2世代では1999年にimodeサービス，2001年にはJava搭載携帯電話が発売されるなど新しい技術が相次いで開発された．今後2010年頃に予定されている20Mbpsの通信速度を持つ第4世代携帯電話（4G）の発売や新しい技術との連携によって，さらに新しいサービスへの展開が期待できる．

ところで，世界中どこでも同じ番号で携帯電話を利用できるサービスのことを「グローバルローミング」という．社会の国際化に伴いその実現が強く望まれているにもかかわらず，第2世代では国家・企業間においてさまざまな規格が存在しお互いの通信が困難であった．第3世代ではこれを解決することを目

標としてはいるが，国内においてさえ W-CDMA と cdma 2000 というように異なった方式となっている．ちなみに携帯電話の普及は，1994 年に 430 万件，1996 年には 2 088 万件に急増し 2004 年に 8 700 万件に達している．

簡易形携帯電話（personal handy phone：**PHS**）は 1995 年に登場した．PHS はコードレス電話の子機を携帯電話のように町中で使用できるようにしたものであり，ディジタル化によるネットワークのインテリジェント化と無線アクセス技術の融合によって可能となった世界で初めての画期的なシステムである．高速で移動中には使用できないなどの欠点があるため，市場では携帯電話に押され，2000 年以降契約数は減少し，2005 年にはそのサービスの新規申し込みを終了する大手企業も現れた．しかしデータ通信に使用した場合，携帯電話と比べ通信速度が速いので，携帯端末と接続して利用したり，屋内での無線 LAN としての用途が拡大してきている．

1.6 インターネットの歴史

インターネット（The Internet）はもともと，1969 年にアメリカの国防総省の主導でアメリカの各大学内のコンピュータ設備を相互に接続するために実験的に敷設した **ARPANET**（アーパーネット，アルパネット）に端を発し，全米科学財団（National Science Foundation：NSF）の NSFNET を基幹網として発展してきた全世界規模のコンピュータネットワークである．当初，この利用は学術用に制限をされていたが，アメリカでは 1980 年代の終わりから，国内では 1993 年ごろから本格的な商用利用が始まり，今日の発展に結びついている．

わが国では 2000 年に，高度情報通信ネットワーク社会の重点的かつ迅速な形成の推進を目的として，「IT 基本法」が制定された．2001 年には，「2005 年までに世界最先端の IT 国家となる」ことを目指す **e-Japan 戦略**がスタートし，インフラの整備が予想を上回る早さで行われ，現在では，世界で最も低廉で高速なブロードバンド環境が実現している．政府では 2003 年 e-Japan 計画

1.6 インターネットの歴史

の見直しを行い，2010年までに「いつでも，どこでも，何でも，誰でも」ネットワークにつながり情報の自在なやりとりを行うことができるというユビキタスネット社会を実現すべく，u-Japan政策として取りまとめた。

インターネットに接続された世界中のホストコンピュータの数は，1995年の820万台から急増し2005年には3億5000万台となった。また，この利用者はホスト数の数倍と考えられ，2005年末で少なく見積もっても7億人もの人々がインターネットに参加していると考えられる。国内では2004年末におけるインターネット利用人口が7948万人（対前年比2.8％増）と推計され，e-Japan戦略の始まった前年の2000年末と比べると，利用人口は約3200万人増，人口普及率は25.2ポイント増と大幅な増加となっており，国民のインターネット利用が着実に進展してきたことがうかがえる。

2004年現在，インターネットに接続されていない国はほとんどなくなった。話題のWWWサーバは，1996年には世界で23万台，1997年には65万台，2002年には7000万台を超えており急速に拡大している。これにより，情報収集手段や通信手段の変化，Webページの閲覧やネットワークゲーム，ネットオークション，オンライントレードなど，さまざまなジャンルの情報やサービスが24時間利用できることから，われわれの行動様式や支出様式に大きな変化をもたらした。一方で，情報漏洩，誹謗中傷，不要有害な情報の氾濫，コンピュータウィルスといった，有害・不備なソフトウェアや使用者の過失による大きな社会問題が発生するなど，新たなマイナス面も露呈してきた。

さて，インターネットは**LAN**（構内ネットワーク，*8*章参照）を世界的に接続したものといえ，小規模LANを構築するために広く利用されている技術にEthernet（イーサネット）がある。Ethernetはゼロックス社のPalo Alto Research Centerでロバート・メトカフ（Robert M. Metcalfe）によって1973年に発明された。その後，DEC社とインテル社を加え3社で規格を決定し，それが1983年IEEE 802.3として標準化された（*8.2.2*項参照）。当時IBMは，Ethernetに対抗してトークンリングLANを公開し話題を呼んだ。同軸ケーブルを用いたEthernetとは異なり，安価なツイストペアケーブルを

用いたこの技術は，配線の柔軟性や管理の容易さなどからEthernet陣営を大いに刺激し，現在主流の10 BASE-Tや100 BASE-TXを利用するスター型のEthernet LANの発展を加速した。その後，FDDI，ATM，1000 M Ethernetなど，さまざまな技術の開発が続き現在に至っている。これについては*8*章を参照していただきたい。

ところで，事業者や各家庭のコンピュータをインターネットに接続するための仕掛けも大きく変貌している。1995年頃には専用回線やモデムを使用した一般の電話回線を接続線として用いていたのが，最近ではISDN，ADSL，光通信など高速の接続サービスが利用できるようになった（*2*章参照）。

1.7 IP電話の実現

インターネットの普及にともなって，通常の電話回線の代わりにインターネット網などを使用した音声通話（**IP電話**，VoIP：voice over internet protocol）が利用できるようになった。IP電話は，当初インターネットに接続されたコンピュータ間において，専用のソフトウェアを使用して音声データをやり取りすることから始まった。しかし，現在提供されているIP電話は，パソコンを使用した通話だけでなく，通常の電話機を使用して通話が可能となっている。

IP電話が最初に登場したのは1994年頃である。2002年に総務省がIP電話サービスの本格的な普及に向けてガイドラインを公表するとともに，「050」で始まる電話番号の使用を決定したことにより，各プロバイダは2003年より本格的なIP電話サービスを開始した。IP電話では，交換機の間の長距離回線部

コーヒーブレイク

ネットワークコマンド

ネットワークに接続されたコンピュータの管理や監視を行ったりするためのコマンドがOSに用意されています。このコマンドをネットワークコマンドとい

1.7 IP電話の実現

います。このようなコマンドは，コマンド名とその引数をキーボードから入力することによって実行した方が便利な場合があります。OSがMS-Windows系OSの場合を例にとって，そのいくつかを使い方とともに紹介しましょう。

- ipconfig：IPアドレスなどのネットワークインタフェースの基本的な設定状況を表示したり，新たな設定を行ったりします。

  書　式

  ipconfig［/all｜/release［ネットワークアダプタ名］｜/renew［ネットワークアダプタ名］｜/flushdns｜/registerdns｜/displaydns｜/showclassid ネットワークアダプタ名｜/setclassid ネットワークアダプタ名［クラスID］］

  使用例

  ipconfig：IPアドレス，サブネットマスク，ゲートウェイアドレスの表示

  ipconfig/all：さらに詳しい情報の表示

- tracert：遠隔地にあるホストまでの経路（通過するルータ）を表示する場合に使えます。ネットワークの障害箇所や，その原因の特定にも利用できます。

  書　式

  tracert［-d］［-h 最大ホップ数］［-j ゲートウェイリスト］［-w タイムアウト時間］対象ホスト（ホスト名またはIPアドレス）

  使用例

  tracert www.yahoo.co.jp：指定したアドレスまでのルータの情報を表示します。ただし，自分で管理していないホストにむやみにtracertを実行してはいけません。tracertでパケットを送られるということを「攻撃を受けた」と受け取られることがあるからです。

- ping：遠隔地にあるホストの動作状態を調べるために使用します。ホストのpingコマンドに対する応答時間が表示されるので，ネットワークに障害が発生したときに原因を特定するためにも利用できます。

  書　式

  ping［-t］［-a］［-n 試行回数］［-l パケットサイズ］［-f］［-i　TTL］［-v TOS］［-r ルータ個数］［-s ルータ個数］［［-j ゲートウェイリスト］｜［-k ゲートウェイリスト］］［-w タイムアウト時間］疎通確認対象先ホスト（ホスト名またはIPアドレス）

  使用例

  ping 172.16.56.114

1. 情報通信の歴史

分に常時接続型のインターネット網や専用線網を用いるため，回線使用料が時間や距離による課金ではなくなったので，長距離通話などでも低価格で通話することが可能となる．旧来のIP電話は音質不良・音声遅延など通信品質が保障されなかったが，技術革新が続き最近ではこのような問題は解消されつつある．今後，一般家庭まで常時接続型のインターネットアクセス網が充実してくると，音声通話を行うたびに課金する必要がなくなることも考えられるので，従来の通信業者にも大きな影響を与えることになるだろう．

演 習 問 題

【1】 情報通信の発展は情報機器の発展とどのようにかかわってきたかを述べよ．

【2】 情報通信技術は，どのような目標や問題解決を目指して発展してきたのかを説明せよ．

【3】 日常的に利用している情報通信機器をあげよ．

2

ネットワーク

　現在われわれの周りにはさまざまな電気通信網（電気通信ネットワーク）が存在する。コンピュータを中心とする情報機器の発展と従来の法的な規制の撤廃により，さまざまな業種が種々の電気通信サービスを開始し，われわれを取り巻く通信網はますます複雑で高機能なものとなってきた。これらの通信網は，提供されるサービス，情報の内容，交換方式，ネットワーク規模，伝送方式などの違いでいくつかに分類できる。現在，これらのネットワークはいろいろな通信路（伝送路）を使用して構成され，また相互結合されて，現代の電気通信網を構成している。この章ではこれらの通信網について具体的な例をあげながら，ネットワークの構成を中心に述べる。

2.1　ネットワークの分類

　ネットワークはさまざまな角度から分類できるが，現在，わが国に存在するネットワークについて表 2.1〜2.3 のような分類を行った。表 2.1 はサービスによる分類である。これらのサービスは対象とする利用者や目的によって内容がバラエティに富み，通信の自由化とも関係して多くの業者によって提供されるようになり，われわれ利用者にとっては歓迎すべき状況になっている。表 2.2 では，情報の内容・交換方式・形態などによる分類を，表 2.3 ではネットワーク規模による分類を行った。交換方式についての個々の説明は 5 章以降を参照されたい。

　通信形態はアナログ通信とディジタル通信に分類した。後ほど 2.3 節で詳述するが，電話網については各家庭や企業から近隣の市内交換局までの加入者

表 2.1 ネットワークのサービスによる分類

公衆網	国内	加入電話交換サービス パケット交換サービス DDX-P, DDX-TP ISDN (integrated services digital network) IP-VPN イーサネット (Ethernet) フレームリレー/セルリレー IP 電話 (VoIP) サービス
	国際	国際公衆データ伝送サービス VENUS-P (2006年3月31日終了) 国際 ISDN サービス 国際電話サービス
専用線網	国内	一般専用線サービス (アナログ, ディジタル) 高速ディジタル伝送サービス ATM サービス DSL アクセス回線サービス 映像伝送サービス 衛星通信サービス 無線専用サービス
	国際	国際専用線サービス 高速ディジタル伝送サービス 国際 ATM サービス 国際 DSL アクセス回線サービス フレームリレー/セルリレー網
その他有線通信		ケーブルテレビサービス 有線放送サービス
移動体通信網	電気通信事業者によるサービス	陸上移動通信, 海上移動通信など
	その他自営通信用のネットワーク	警察, 水防, 道路管理, 消防, 防災行政無線など公共的なもの, 鉄道, 新聞, 放送, タクシー, 全地球測位システム: GPS (global positioning system) など

表 2.2 ネットワークの分類

情報の内容	音声情報, ファクシミリ, コンピュータネットワーク, 画像通信, 音楽
交換方式	回線交換網—回線交換方式 蓄積交換網—メッセージ交換, パケット交換, フレームリレー交換, ATM (asynchronous transfer mode) 交換
通信の形態	アナログ通信網, ディジタル通信網

回線と呼ばれる部分以外は, すでにディジタル化されている. さらに, この加入者回線もディジタル化が進み, テレビ放送についてもディジタル化が本格的

表 2.3　ネットワーク規模による分類

WAN	都市間にわたり全国規模で情報を交換する通信網，一般的には第一種通信業者が提供する伝送路を使用して行われる通信サービス網
GAN	全世界的規模で情報を交換する通信網
MAN	一つの都市内で情報を交換する通信網 IEEE (Institute of Electrical and Electronics Engineers) の委員会で，音声・データ・画像などが統合的に扱えるようなネットワークとして標準化が図られ WAN へのアクセス網として利用できるような仕様となっている。
LAN	一つの組織（企業，学校，研究所，家庭）の構内で情報を交換する通信網（8.1 節参照）

になってきた。半導体製造技術などの進歩によって，ディジタル伝送の高速性，高品位性さらに経済性がアナログ伝送を上回るようになり，今後はさまざまな通信がディジタルに移行すると考えられる。

2.2　電気通信事業者の区分

　1985 年 4 月に改正施行された電気通信事業法により，電気通信分野に自由競争の原理が導入された。さらに 1997 年には外資規制とネットワーク相互接続に関する規制が大幅に緩和され，これを機会に多くの企業が通信事業に乗り出すことになった。電気通信事業者は，事業用通信回線を保有し電気通信役務を提供する第一種電気通信事業者と，第一種電気通信事業者から回線を借りて回線サービスを提供する第二種電気通信事業者とに分類されていたが，2004 年の電気通信事業法改正でこの区別がなくなるとともに，従来の許可制から届け出制に変更された。1985 年の電気通信事業の自由化によって旧第一種電気通信事業者として参入した企業は NCC（new common carrier）といわれる。これらの企業は，企業が所有する送電設備，鉄道線路，高速道路などを利用したり人工衛星を打ち上げることによって通信路を設備し，電話，電報，ディジタル通信，放送などのサービスを行っている。NCC 回線の利用には，加入者から NCC の POI（point of interface）までのアクセス回線として従来の NTT 回線を利用する必要がある場合が多い。

2.3 ネットワークの構成と経路制御

2.3.1 電話網

NTT電話網を例にとって述べることとする。このネットワークは三つの要素，すなわち電話機などの端末と相手を選んで接続する交換機，情報を物理的に伝達する伝送路から成り立っている。

1) 端末 従来端末は電話機だけであったが，最近ではファクシミリ，コンピュータなど，さまざまな情報機器が電話回線に接続して使用される。

2) 交換機 交換機は電話機などの端末から来る信号を相手方まで伝達するための接続ルートを決める装置である。n個の電話機を相互に接続するためには$n(n-1)/2$本の接続線を必要とするので，全国の電話機5000万台を接続するためには1250兆本の回線が必要となり現実には不可能である。回線を相互接続する交換機を使用することにより，この接続線数をn本に減少することができる。また交換機同士を接続する上位の交換機を導入することにより，その回線数を減少させることができるので，現在の交換機システムは階層構造をとっている（**図2.1**）。交換機の基本動作を**表2.4**に掲げる。

われわれが使用するオフィスや家庭の電話はすべて，近隣に設置されたNTTの通信センタの市内交換機につながっており，その交換機は市外交換機で相互接続されている。現在，国内の市内交換機は無人局も含めると5000局にもなる。これらの交換機は，昔は機械的に通信の設定をする**クロスバ交換機**（crossbar switching system）といわれる電磁式のものであったが，現在ではコンピュータの一種といえる**ディジタル交換機**（digital switching system）にすべて変更された。これは記憶されたプログラムとデータによって制御される**SPC**（stored program control）**方式**と呼ばれるもので，従来，交換機のサービスに必要であった配線の変更は記憶内容の変更で行えるようになり，保守性が著しく改善された。さらに交換できる線路数も大幅に拡大されるととも

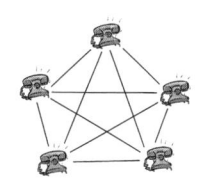

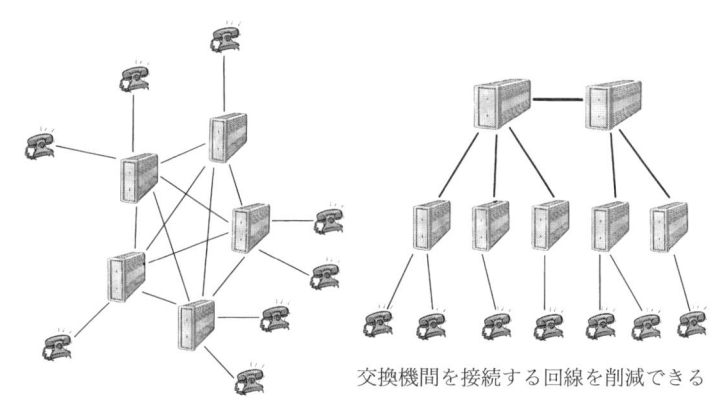

2.3 ネットワークの構成と経路制御

交換機を使用しない場合
n 個の電話機に $n(n-1)/2$ 本の回線

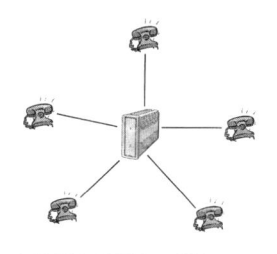

交換機を使用する場合
n 個の電話機に n 本の回線

(a) 交換機使用の必然性

交換機間を接続する回線を削減できる

(b) 交換機を階層的に設備する優位性

図 2.1 交 換 機

表 2.4 交換機の基本動作

1	発呼検出：発信者が受話器を上げることで発信される信号から加入者を識別
2	電話番号受信準備：電話機に接続先の番号を要求するための信号を発信
3	電話番号受信・記憶：電話機から発信される接続先の電話番号を受信し記憶
4	番号の翻訳：接続先電話番号から接続先を探索
5	話し中検出：電話の回線がふさがっているかどうかを試験
6	接続先呼出し：呼出し信号を相手先に送出
7	応答検出：接続先が受話器を上げたことを検出
8	通話接続：通話のための回線を接続
9	通話終了の監視：受話器が置かれ，通話が終了したことを検出
10	切断：回線の切断
11	課金：通話時間・距離・契約に基づき課金

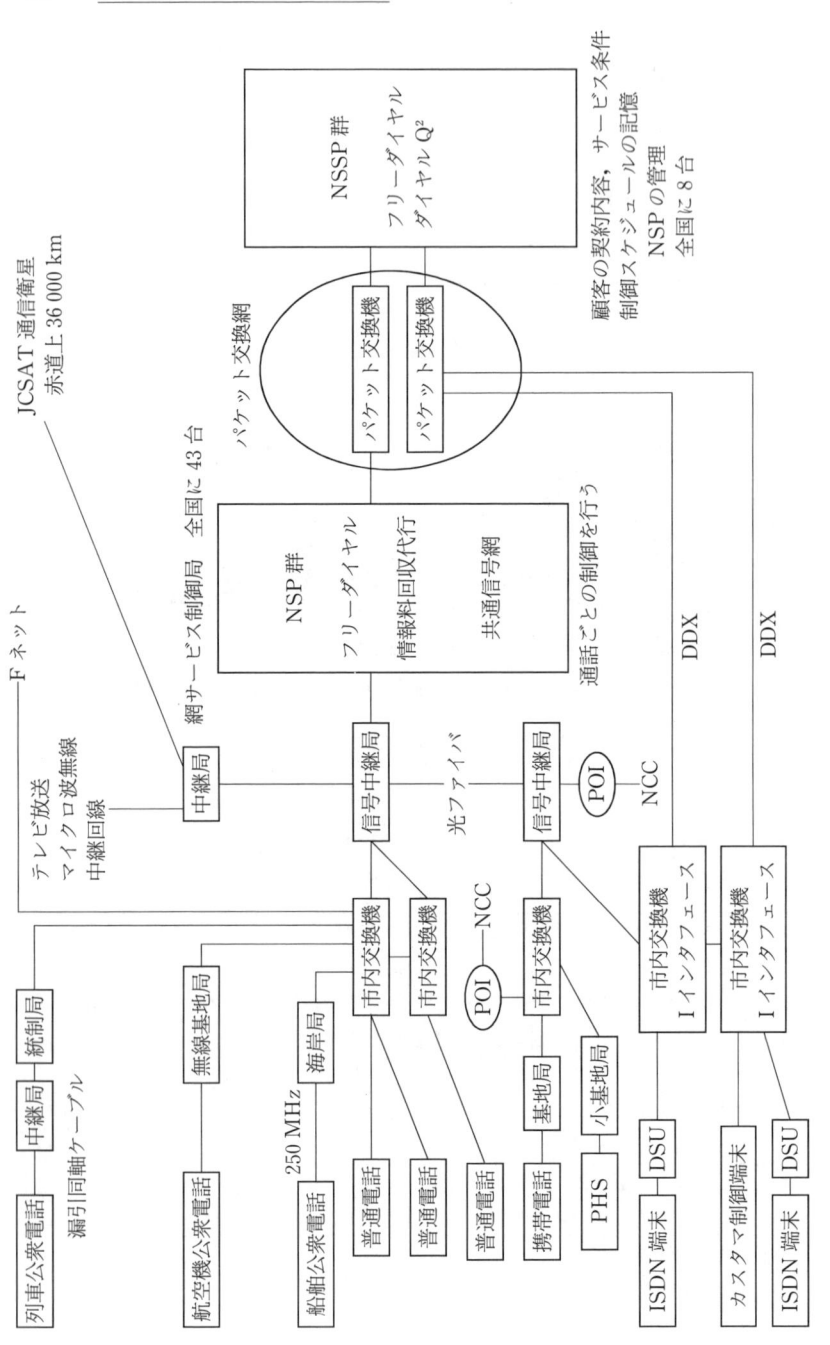

図 2.2 現在使用されている電話網の概略

に，コンピュータとしての機能を利用して，プッシュ回線，キャッチホン，クレジット電話，転送電話などさまざまなサービスが提供できるようになった。さらに本来の情報伝送回線とは別に，回線の制御やサービス情報の転送などを行うための共通線を別途設備し，市内交換機の外側に置いたNSP (network service control point)，NSSP (network service support point) と呼ばれる制御局によってこれらのサービスの管理をさせることで，いわゆるインテリジェントネットワークと呼ばれる高機能サービスが行われるようになった。それがフリーダイヤルサービスやダイヤルQ^2サービスである。

通信事業の自由化によって，さまざまな通信網とNTT電話網との接続が行われるようになり，われわれを取り巻く情報通信環境は一変した。異業者の通信網，例えば移動体通信網・専用回線網と電話網の接続には関門局と呼ばれる特殊な交換機が使用され，業者間での責任を切り分けたり，接続に必要な情報を交換し合ったりしている。これによってわれわれは携帯電話やインターネットを電話回線から利用できるわけである。NTTでは，ISDN通信網・データ通信網など他のサービスが提供されているが，これらのネットワークと電話網との接続も交換機の重要な役割の一つである。図2.2に電話網の概略を示す。

2.3.2 データ通信網

銀行のオンラインシステムやJRの緑の窓口，話題のインターネットなど，電話やファクシミリのような人間対人間の通信から，コンピュータとコンピュータ，あるいはコンピュータと人間の通信がごく自然になってきた。このような状況の中で，われわれの周りに最も普及している電話回線をコンピュータ間の通信に利用しようとすることは，ごく自然な考え方である。

しかし，従来の電話網はもともと人間の声を送るためのアナログの通信網であって，コンピュータで扱うディジタル情報を送受信するのは容易ではない。このためにはモデム (modem) という変換器を使ってディジタル情報を一度アナログに変換して送信し，再度モデムで受信してディジタルに変換するとい

う手法を用いなければならない．パソコン通信やインターネットとの接続の多くは，このような形式で行われる．このような利用方法が急速に普及したためモデム利用技術が急速に発展して，趣味のレベルの用途には十分満足できる通信方法として確立された．

しかし，アナログ通信網は雑音の影響を受けやすく，大規模なデータ通信には安定性と通信速度の点で十分なものではない．このような背景から，電電公社（現 NTT）によって 1970 年にデータ通信用ネットワーク DDX（digital data exchange）網が構築された．このデータ通信網には当初，回線交換（DDX-C）とパケット交換（DDX-P）の二つが用意されたが，DDX-C は電話網から簡単にパケット通信網にアクセスできる DDX-TP サービスに取って代わり，さらにその後，1990 年からスタートした ISDN 回線に移行しつつある．

パケット交換はディジタルデータを一定長のパケットと呼ばれる小さな区切りにして伝送する方法で，複数の通信で一つの回線を共有できるので効率が良い（5 章参照）．最近，このパケット通信サービスの利用形態が大きく変化してきた．従来パケット通信サービスは多数の端末が 1 台の大形コンピュータにアクセスするセンターエンド形通信におおいに利用されていたが，コンピュータの性能が高機能化・低価格化し，分散化ネットワークと LAN が登場するようになると，データ伝送も LAN 間で行われるようになってきた．この LAN 間接続の普及は，従来 64 kbps が上限であったパケット通信の高速化という需要も生み出した．このような背景から，NTT はフレームリレーサービスや ATM によるセルリレーサービスを開始している．

2.3.3 ISDN

1 本の契約回線，すなわち 2 本の銅線に，音声・コンピュータデータ・映像などをディジタル信号に変換して高速で送受信することのできる総合ディジタル網 **ISDN**，INS 64 が 1988 年 NTT によって開始された．これは 1 本の契約回線に二つの情報回線（64 kbps の B チャネル）と一つの信号チャネル（16

kbps の D チャネル）を提供するものである。

　ISDN はアナログではなくディジタル信号の伝送を行うので，電話などの端末機器もすべてディジタルに対応していなければならない。当初，このような機器は高価であったが，普及につれて価格が低下しインターネットへの接続などコンピュータ通信の普及と相まって大きな需要を生んだ。このため，1989年には23個の B チャネルと一つの D チャネルを組み合わせた INS 1500 のサービスを開始した。

　ISDN 網は従来の電話網を共用するように構築されており，加入者側に設置された **DSU**（digital service unit）から伸びた信号線は，ISDN 用に拡張された市内交換機を経て電話網と同様に相手側に接続される（*5.4.1* 項参照）。ISDN にはパケット交換と回線交換のいずれかを用途によって選択でき，現在では，通信カラオケ，マルチメディア会議，印刷用電子画像処理製版などビジネス用アプリケーションだけでなく，G4ファクシミリ，インターネットアクセスなど個人的な利用へも用途拡大の傾向にある（詳細は *5* 章参照）。

2.3.4 ADSL 網

　ADSL（asymmetric digital subscriber line，非対称ディジタル加入者線伝送方式）は，一般の電話回線に使用するアナログ伝送路の帯域幅を有効に利用して高速のデータ通信を行うものである。一般の電話回線を用いて通話を行う場合，0〜4 KHz 程度のアナログ信号を通す帯域幅を有すれば十分である。しかし，電話回線に用いられているアナログ伝送路は，1 MHz 程度の帯域幅を有する。ADSL ではこの残った帯域の内，25〜138 KHz と 224〜1104 KHz とを，4.3 KHz ごとにいくつかの周波数帯に分割して，そのそれぞれを変調することにより多量のデータを短時間に転送することができる。端末に向かってくるデータを下り，端末から発せられるデータを上りと呼ぶ。ADSL では，上りより下りの帯域幅を広くとることにより実用性を増加させ，下り 1.5〜50 Mbps の速度を得ている。現在，日本における ADSL のアクセスコストは，

世界的にも安価なものとなっているので，インターネットユーザの多くがこのサービスを利用しており，企業でも LAN 間接続に用いられる IP-VPN へのアクセス回線としても用いられている。

2.3.5 ファクシミリ通信網

NTT では，ファクシミリ通信網サービスとして，従来の電話網を利用したファクシミリ通信とは別なサービス，F-NET を提供している。F-NET では，ファクシミリから送信された情報をいったんネットワーク内の装置に蓄え，それを高速回線で送信するという方法をとるので，回線の効率的な利用により中遠距離通信料金の低減が実現された。いっせい同報機能やファクシミリをコンピュータの入出力装置として利用することも可能である。

2.3.6 パソコンネットワーク

パソコンネットワークは，これを運営する企業内のホストコンピュータと個人の家庭や企業に備え付けられたパソコンを電話回線や INS 回線で接続し，電子メール，電子掲示板，電子会議などのサービスを提供する通信網である。おもな日本の商用パソコンネットワークに，PC-VAN（NEC），NIFTY-Serve（富士通と日商岩井），日経 MIX（日経 BP），ASAHI ネット（朝日新聞），People（日本 IBM），MS ネットワーク（マイクロソフト），NTT メールなどがあった。どのネットワークも，会員は **ID**（identifier）とパスワードで管理されている。電子メールサービスでは，ホストコンピュータ内に電子的に作成された私書箱内に，相互にメッセージを送り合うことでメール交換ができる。当初はそれぞれのネットワークごとに独立し，ネットワーク相互の情報交換は不可能であったが，その後インターネットへの接続が行われ，ネットワーク間の交流も行われるとともに，WWW ベースのアプリケーションへ変わっている。

2.3.7 衛星通信網

赤道上約 36 000 km の静止衛星（JCSAT（Japan Satellite Systems Inc.），N-STAR（NTT ドコモなど），スーパーバード（宇宙通信）など）を中継局として利用する通信方式であり，Ka バンド（30/20 GHz 帯）と Ku バンド（14/12 GHz 帯），C バンド（4/6 GHz 帯）を使用する。衛星を使用した通信には，以下に述べるような特色がある。

- 通信の広域性：へき地や離島など地理的条件に影響されにくい。高速で大容量伝送が可能。
- 対災害性：地上災害の影響が少ない。回線設定の柔軟性・迅速性・小口径アンテナを利用することで得られる機動性。
- 同報性：いっせい同報が容易で全国同時授業などに使用しやすい。

このような優位性がある反面，伝搬遅延がある，衛星食・黒点の影響などによって利用できない場合があるなど，不利な点もいくつか存在する。周回衛星[†]を用いたサービスとしては GPS（global positioning system）のサービスがある。

2.3.8 移動体通信

移動体通信には電気通信事業用と自営通信用の区分があり，いずれの通信にも電波を使用する。さまざまなサービスが利用できるが，これらのサービスによって使用される電波の周波数が限定されている。一般に一つの基地局を多くの移動端末が共用しているが，それぞれの基地局のサービスエリアはさほど広くないので，広範囲なサービスを提供するためには大掛かりな基地局のシステム化が必要とされる。電波を使用するので気象条件に左右されることがあり，また傍受されることもある。

電気通信事業用としては，携帯電話，自動車電話，PHS，ポケットベル，

[†] 地球の自転速度と同じ速度で回り続けているので，地上から静止して見える静止衛星に対して衛星自体が静止しているため，地球の自転によって地上から毎日1周しているように見える人工衛星である。

列車公衆電話，航空公衆電話，船舶電話，海事衛星通信，港湾無線電話などがあり，自営通信用としては，警察無線，水防，道路管理，消防用無線，タクシー無線，陸上運輸無線，パーソナル無線，アマチュア無線，GPS なども含まれる．

1.5.4 項で述べたように携帯電話の進展は著しい．携帯電話はサービスの向上を目指し，FDMA，TDMA などの方式で進化してきた．現在の携帯電話は第3世代携帯電話と呼ばれ，さまざまなサービスの提供や国際的共通性を目指した改良によって IMT2000 に準拠する通信方式を採用している．通信速度は最大 2 Mbps となり，テレビ電話・映像や音楽・ゲーム配信・電子マネーな

┌─ コーヒーブレイク ─┐

画像情報の圧縮 (JPEG, MPEG)

A4用紙1枚に書かれた文字だけの情報はたかだか数kバイトですが，画像の情報量は文字だけの情報に比較して非常に大きくなり，テレビやコンピュータの画面に表示される1枚の静止した画像でさえ軽く1Mバイトを超えます．まして動画，例えばテレビの画像は1秒間に30枚送信されて来ますので，1時間番組の持つ情報量は想像を超えるほど大きなものです．そこで，画像の情報をディジタル的に効率良く保存したり伝送したりするために，情報の圧縮という技術が用いられます．

この圧縮方法には可逆圧縮と不可逆圧縮の二つの方法があります．不可逆圧縮は，圧縮されたデータを元に戻したとき完全には戻りませんが，その分大きな圧縮効果を発揮します．JPEG (Joint Photographic Experts Group) と MPEG (Moving Picture Experts Group) はそれぞれ，静止画と動画用の不可逆圧縮方式の標準化を目的とした団体です．これらはまた，圧縮の仕組みそのものを指す場合にも使われています．

動画用の MPEG には MPEG 1 と，さらに高画質な MPEG 2，遅い通信回線でも利用できる MPEG 4 があります．いずれの手法も，画像に含まれる冗長部分を利用して情報の圧縮を行います．具体的には，一つ前の画面との比較を行ったり，画像のある部分を周りの画像から類推したりするのです．インターネット上で画像情報を効率的にやりとりするときにも，このような画像圧縮がよく使われていますね．

ど，さまざまなサービスも利用できる。次期の第4世代携帯電話の実用化は2010年頃と予想されており，この最大通信速度は数十〜100 Mbps程度とされている。総務省によれば，2007年にはインターネットを経由して通話するIP電話の携帯版が実用化される。次世代高速無線通信と呼ばれる技術を使ってIP電話と同じサービスを携帯端末で受けられるようになる。こうなれば通話や画像などを安価にやりとりできるようになり，携帯電話の状況にも大きな影響を与えることとなろう。

携帯電話においては，1〜数Kmごとに基地局が設置され，電話機（端末）との間で通話のための無線通信を行う一方，電話網の末端となり信号を中継する役割を果たす。基地局を中心とする電話機の電波が届く範囲を「セル」と呼び，セルごとに使用周波数を変えるなど混信を避ける工夫がなされている。携帯電話の電話網は，基地局や基地局集約装置および関門交換機から構成され，それらの装置間は有線（光ファイバ，ISDN等）または無線で結ばれている（図 *2.3*）。PHSについても同様であるが，セルの規模が数十〜数百mとなる。

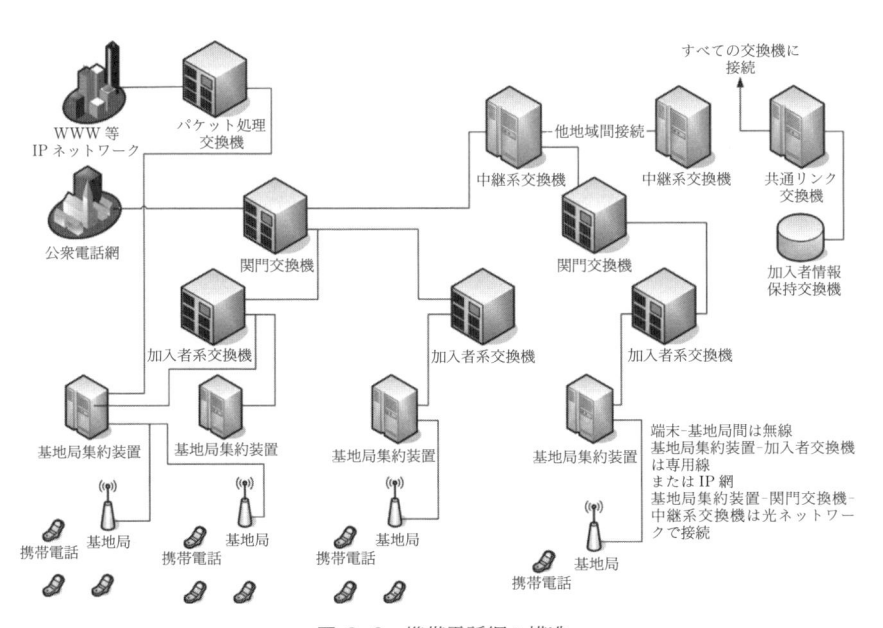

図 *2.3* 携帯電話網の構造

2.3.9 その他の通信網

〔**1**〕 **国際通信網**　通信事業法の改正によって，多くの業者による国際電話サービス，国際専用線サービス，国際パケット通信サービス，国際ISDNサービスなどのサービスが開始されている。これらの通信の伝送には，海底ケーブルや通信衛星を利用したマイクロウェーブが利用されている。2006年現在，国際通信回線を保有するキャリアと呼ばれる企業は数社であるものの，多くの企業がこのキャリアと契約を交わし，さまざまな手法で国際通信が行えるようになってきた。われわれが国際電話を使用する場合，その通信品質と経費をよく検討して，そのようなサービスを選択し利用することが重要となる。一般に海底ケーブルを利用した接続のほうが音声の遅延もなく使用しやすい。なお，利用料金は国内側と相手国側の双方が必要である。

〔**2**〕 **放送通信網**　家庭で見られるテレビ放送番組は，東京・大阪を中心に全国の放送局で制作されたものが，電気通信事業者の回線を利用して地域の放送局に伝送され，放送局の送信所から電波で放送されている。この放送局間の伝送にはマイクロ波が利用されることが多い。スポーツ施設やイベント会場などからの実況報道には衛星中継が利用されるので，このような会場周辺でパラボラアンテナを設備した衛星中継車が見られることもある。

演 習 問 題

【1】 なぜアナログ通信網がディジタル通信網へ変遷しようとしているのか考えてみよ。

【2】 WWWホームページを使って通信事業者のサービスを調べてみよ。

【3】 携帯電話とPHSとを技術仕様を中心に比較せよ。

【4】 処理すべき情報量と実現できている処理技術を調べてみよ。

3

通信サービスの基本事項

　通信サービスを提供するためには，相互に認識し合うための固有の認識番号を与え，提供するサービスに応じて番号ごとに課金して料金を徴収しなければならない。また，料金に見合う品質や安全なサービスを保証する必要がある。本章では，こうした通信サービスの基本事項を扱う。

3.1 識別番号

　特定の相手と通信を行うためには，双方の確認を行うためのシステムが必要となる。機械的処理を行うために一般に数字が用いられることが多く，電話番号などとして知られている。番号の割り振りには，利用者が覚えやすく，交換機によって通話路を確定したり課金を行ったりすることが容易で，長期間にわたって変更する必要のないように計画を行うことが重要である。通信は国内にとどまらず国際的に重要になっており，識別番号の割付計画については，**ITU-T** (International Telecommunication Union Telecommunication Sector：国際電気通信連合電気通信標準化部門，旧国際電信電話通信委員会 CCITT の一部門) から勧告が与えられており，各国では，それに沿った計画がなされている。

　われわれになじみ深い電話番号を例にとって，識別番号計画について述べる。電話番号は**開放番号方式**（open numbering system）で計画されている。開放番号方式とは，自分が属する交換局以外に接続を行う場合，特定の数字である市外識別番号（0）を前置して区域外であることを示す方法である。この

34　3. 通信サービスの基本事項

方法によれば，電話番号の構成は以下のようになる．

　　　市外識別番号＋市外局番＋市内局番＋加入者番号

市外識別番号を除いた番号を全国番号と呼び，現在9けた以内の数字である．加入者番号は4けたであるので，市外局番＋市内局番は5けた以内となる．市外局番の割当ては将来の需要予測で決定され，最初の数字（Aコードと呼ぶ）によって全国を9地域に分け，さらにつぎの数字（Bコード）で県レベル，さらにつぎの数字（Cコード）でほぼ市のレベルに分類されるので，市外局番によって地域を推察することができることは皆さんご存知であろう．

市内局番の最初の数字は必ず2から9で始まるので，0と1がダイヤルされると交換機は市内通話ではないと判断し，市外通話・緊急通話などのサービスへ接続をする．1で始まるサービスにはよく知られている警察通報用の110と消防通報用の119のほか，表 3.1 に掲げるようなサービスが利用できる．

表 3.1　特別な番号サービス

100	100番通話：通話料金通知	116	電話に関する注文と問合せ
104	電話番号案内	117	時報
106	コレクトコール	121	クレジット通話
113	電話故障	141	不在案内
114	お話中調べ	171	災害用伝言ダイヤル
115	電報	177	気象通報

最近では，国際電話だけでなく市内通話や市外通話についても，電話番号を指定する前に事業者番号を指定することで，利用したい電話会社を選定することができる．国際電話については，通信事業法の改正で多くの企業がこのサービスを提供できるようになった（$2.3.8$ 項参照）．国際電話をかけるためには，事業者識別番号＋101＋国番号＋相手番号が必要となる．事業者識別番号は国際接続を依頼する業者を選定する番号であり，001：KDDI，0033：NTTコミュニケーションズ，0061：日本テレコムなどを選ぶことができる．

移動体の電話番号は当初10けたであったが，利用者の増大に伴い1998年秋から携帯電話は「080」または「090」，PHSの場合は「070」から始まる11け

たの番号となった．なお，080や090などのつぎに続く3けたの番号が通信事業者の番号である．最近話題となっているIP電話（**1.7**節参照）は「050」から始まる電話番号を使用している．

DDX回線交換やパケット交換網についても同様の番号計画が採用され，7けたの接続番号となっている．また，インターネットで用いられるIPアドレスも国際的な番号計画にのっとり決定されている．この問題については**8**章で詳述する．

3.2 課　　　金

専用線サービスの課金は通信距離・伝送速度など，契約内容によって固定されている．これに対して，交換サービスを利用する一般電話サービスとディジタル通信サービスでは，利用するたびに課金が行われる．これらの課金は一般に固定の基本料金と，おもに利用量に関係した通話料から成り立つ．従来この通話料は，本来の通信回線の占有利用料金として徴収されるものであったが，最近さまざまな付加サービスが提供され，そのサービスの利用料もこの通話料に含まれるようになってきたため，課金のシステムも複雑になっている．

回線交換方式を利用する場合，課金は接続時間と通話先との距離と利用時間帯によって決定されるが，パケット交換方式の場合は送受信したパケットの量，つまり従量制となる．いうまでもないが，回線の帯域や通信速度によって料金体系は異なる．

例えば，加入者電話の課金は，加入者回線が接続されたディジタル交換機によって行われる．ディジタル交換機は一種のコンピュータであり，一般的な通話に伴う課金は以下の手順で計算される．

① 相手側が受話器を取った時間をメモリに記憶する．
② 通話が終わった時刻と先に記憶した開始時刻の差から通話時間を求め，通話距離に応じた単位時間で割って通話度数を計算する．
③ 発信者の通話度数にいまの通話度数を追加する．

36   3. 通信サービスの基本事項

　NTTでは1987年から電話回線網のより細かいサービスを目的として，回線の接続制御とサービス情報の転送のために使用する共通線を一般の通信回線とは別途準備し，これを管理するためのNSP (network service control point：網サービス制御局)，NSSP (network service support point：網サービス統括局)とSAP (service access point)を設置した。これらの機能によってフリーダイヤル，ダイヤルQ^2などのサービスが提供される。

　フリーダイヤルは電話をかけたほうには課金をしないで，着信者側に課金を行うものである。またダイヤルQ^2は情報量課金方式であり，情報提供者が提供した情報の内容に従って課金を行うものであって，NTTは料金回収の代行をしているわけである。フリーダイヤルサービスでは，加入者が0120＊＊のフリーダイヤル番号をダイヤルすると，市内交換機は共通線を通してNSPに対しサービス番号や発信地の情報を送出する。NSPはこれらの情報をチェックしサービス可能であればフリーダイヤル番号を一般電話番号に翻訳し，市内交換機に伝達をして通常の通話を行う。NSPは通話ごとの情報を収集して統

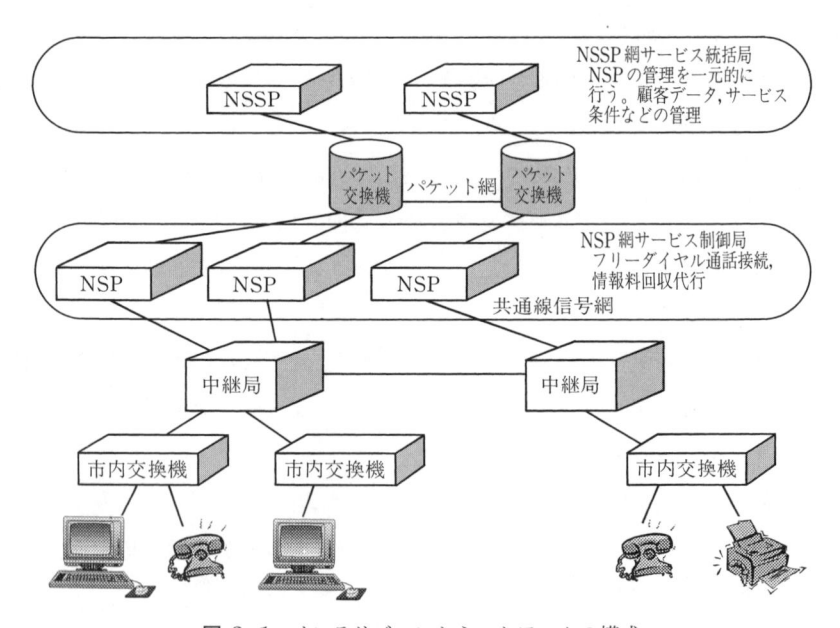

図 *3.1*　インテリジェントネットワークの構成

括局である NSSP に送付する。NSSP は契約者が指定した制御情報などをもとに，NSP を制御するための情報を NSP に与える。ダイヤル Q^2 では情報料と通話料を通話ごとに計算して，これらのデータを定期的に統括局である NSSP に報告するとともに，市内交換機に対して送出を行っている（図 *3.1*）。

3.3 サービス品質

3.3.1 接続品質

接続品質は，接続損失と接続遅延時間を二つの大きなポイントとして客観的に評価することができる。接続損失は，通信ネットワーク上の通信機器が正常に動作し，かつ**通信量（トラフィック**（traffic））も一般的な状態であるとき，相手を呼び出そうとしたときに通信回線の容量超過などで話し中になってしまう確率で定義できる。一方，通話は一般的に複数の交換機を経由して相手に届くので，その伝送上でさまざまな時間遅れを伴う。接続遅延時間については，後で詳しく定義するが，相手に電話をかけたとき，相手が応答するまでの時間をもとに定義をする。

これらの品質は基本的にトラフィックの量と設備量に関係する。すなわち，話し中を皆無にするためには，人数分の交換機の容量や回線数が必要になるわけで，経済的にまったく現実的ではない。このため通信設備の設計には，通話を要求した場合に話し中になる割合，また，接続するまでの待ち時間に我慢のできる限界を設けて検討することが多い。この我慢の限界を許容接続損失と許容接続遅延時間と呼ぶ。

設備の設計には電話が同時に使用される量（トラフィック）を見積もり，この性質を把握したうえで，適切な損失量や待ち時間で済むような施設設備の規模や回線数を求めることが重要であり，この見積もりには**トラフィック理論**（traffic theory）が用いられる。トラフィックは日，曜日，月，季節によって時間的に変動するので，統計的に処理してトラフィック量を定める。一般の電

話の場合，話し中になる割合，すなわち，許容接続損失の目標は市外通話でおおむね10％，市内通話で4％の値が採用される。

許容接続遅延時間については，加入者の利用の仕方によって定義が変化してはいけないので，加入者が受話器を上げてから発信音が出るまでの発信音遅延，また加入者がダイヤルを終わってから呼出し信号が送出されるまでの自動接続遅延で定義される。この損失の目標は，発信音遅延が3秒，市外通話の自動接続遅延は15秒，市内通話は6秒となっている。なお，ディジタル回線については，これより短い遅延時間が実現できるので，市外通話においても6秒を目標とすることもある。

3.3.2 安定品質

安定品質とは，災害などによる設備の故障や，異常なトラフィックが生じた場合にでもサービスの提供ができるように，施設設備の信頼度を確保できる度合いをいう。安定品質は高ければ高いほどよい反面，コストが上昇するので社会の要求を考慮しながら，経済的・技術的条件の許す範囲で信頼度を維持するように設定される。電話を例にとり，安定品質の分類と目標値を**表3.2**に示す（なお，システムの故障の扱いは，演習問題を参考にせよ）。

表3.2 電話の安定品質の分類と目標値

分類	区域	目標値
加入者安定品質		1.5×10^{-5}
接続系平常故障に関する安定性	区域内	2×10^{-3}
	区域外	6×10^{-3}
接続系大規模故障に関する安定性	区域内	5×10^{-4}
	区域外	1×10^{-3}

加入者安定品質は，加入者ごとの加入者線路が故障によって利用できなくなる度合いである。この目標が1.5×10^{-5}であるということは，加入者が電話をかけようとしたときに加入者線路に問題があって電話の利用ができない確率が0.000 015であるということである。

接続系平常故障に関する安定性は，設備の小規模な故障によって相手に接続

できなかったり，雑音の発生・音量が小さいなどの不都合が起こる確率をいう．接続系大規模故障に関する安定性は，大規模な故障や異常なトラフィックによって著しいサービスの低下を招き，かなりの時間にわたってサービスが維持できなくなる確率をいう．

ディジタル回線の安定品質は，線路の区間長よりも分岐数と通信速度に大きく影響を受けることがわかっている．なお，実際の電話回線の安定品質はこれらの目標値を大きく上回っており，よい品質であるといえる．

3.3.3 伝 送 品 質

伝送の品質の基準は，電話でいえば基本的に「よく聞こえる度合い」である．実際には電話機と交換機を含む伝送路の善し悪しを表したもので，送受話器の感度，伝送損失，雑音，伝送帯域などによって支配される．設備を設計するためには，伝送品質の尺度に明確な規格を必要とする．この尺度には，単音明瞭度，明瞭度等価減衰量，通話当量，修正通話当量，ラウドネス定格などがあり，NTTでは**ラウドネス定格**（LR）が使用されている（図 *3.2*）．

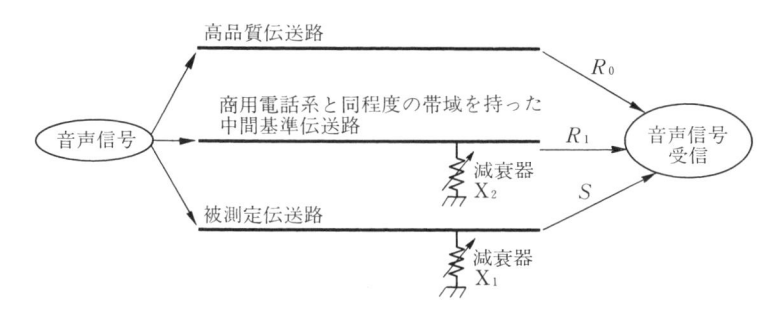

X_2 を調節して，出力 R_0 と R_1 を等しくする．
X_1 を調節して，出力 R_0 と S を等しくする．
X_1 と X_2 の差をラウドネス定格という．

図 *3.2* ラウドネス定格測定系

LR は基準となる高品質の伝送路を一本準備する．さらに商用電話系とほぼ同じ帯域を持つ中間基準になる伝送路を一本準備する．この中間伝送路には可

変減衰器 X_2 が付属しており,被測定伝送路にも可変減衰器 X_1 が付属している。基準となる高品質の伝送路を通して聞こえる音量と,被測定伝送路を通して聞こえる音量とが一致するように X_1 を調整する。また,基準となる高品質の伝送路を通して聞こえる音量と,中間伝送路を通して聞こえる音量とが一致するように X_2 を調整する。この X_1 と X_2 の差を LR と呼んでいる。この方式は他の方式と比べ,基準系の音量を変化させない点,基準系と被測定系の伝送帯域の違いを意識しないでもよいということで優れている。この規定でアナログ電話端末相互間のラウドネス定格は 21 dB 以下となっている。

伝送品質の支配的要因にはつぎのようなものがある。

1) 側音(side tone) 側音は送話者の音声や周囲の騒音が自分の送器を通って自分の受話器に戻ってくる音で,通話を明瞭にするために,この側音を抑えるための特別な回路(側音防止回路)が使用されている。側音は通話にはある程度必要であるが,これが大きすぎると話者が意識的に発声を抑えるため,通話の品質が悪くなる。

2) 伝送損失(transmission loss) これには加入者線の損失と回線の損失が含まれる。加入者線の損失は加入者宅内の保安装置端から電話局までの損失をいい,回線の損失は区域外回線,すなわち都市間を結合する端局相互間で生じる電気的な減衰をいう。これらの損失の基準はアナログ回線の場合,それぞれ 7 dB および 10 dB である。

3) 雑音(noise) 電話回線にはさまざまな雑音が乗る。回路素子中の自由電子の熱的じょう乱による熱雑音,多対ケーブルの漏話が重なって雑音になる漏話雑音,回線または回路特性の非直線性から発声するひずみ雑音,無線を利用した場合の他の通信の干渉による干渉雑音,ディジタル化をするときに生じる量子化誤差のための量子化雑音(**4.1**節参照)などのほか,局内で生じる近隣のスイッチから発生する交換機雑音,電源から発生するハムなどさまざまな雑音が通話品質を低下させる。

3.4 ネットワークの安全性

3.4.1 ネットワークの信頼性向上

ネットワークの安全（**セキュリティ**）の確保には二つの側面がある．第1は機密管理，第2は信頼性の向上である．セキュリティの確保には，セキュリティの対象の確定，セキュリティにとって脅威となるものの確定，セキュリティを確保するための対策などが重要となる．ネットワークの信頼性を向上させるための重要なポイントを**表3.3**に掲げる．

表3.3 ネットワークの安全性確保の重点

セキュリティの対象	施　設	交換局・放送局などの建物，アンテナ，交通状況
	ハードウェア	交換機などの通信設備，コンピュータ設備，通信回線，電源，空調
	ソフトウェア	通信制御プログラム，利用者管理・サービスプログラム
	データ	定義情報ファイル，利用者管理データ，データベース
	要　員	運用管理担当者
脅威	災　害	自然災害，交通事故，火災，害虫，細菌などによる物理的・化学的・生化学的脅威
	故　障	設計上の問題，部品不良などによる脅威
	エラー	人間の不注意，教育不足による失敗の脅威
	不正，犯罪	意図的な妨害に対する脅威

上記の脅威から対象物の信頼性を向上させるためには，物理的な対策，技術的な対策，管理的な対策をもって対処することが必要である．一般的でかつ効果的な対策の一つは，セキュリティの対象物を二重化，すなわち予備を準備することである．この方法は安易であるが経費が2倍必要であって，必ずしも現実的ではない．経費を増加させず信頼性を向上させる方策として，電話網ではつぎのような対策をとっている．

1）**市外交換機の二重帰属**　　市外交換機を二つのビルに分けて配置し，災害・故障時に二つともダウンすることがないように配慮し，加入者交換機をそれぞれの市外交換機に帰属させる．さらに，これらの市外交換機への経路は

異なった配管を利用するなど，同時故障を避ける設計となっている。

2）経路分散　市外中継局間を結合する回線には，原則として異なった四つの経路を準備する。

3）ふくそう（輻輳）対策　ふくそう（congestion）とは，ある電話回線に通話が殺到してさばききれなくなる状態をいう。ふくそうには，発信系，中継系，着信系の3種類がある。発信系と中継系のふくそうについては，交換機が自動発信規制を行う。着信系の場合は，ふくそうの原因となっている加入者や地域を見いだして規制量を決め，発信局側に通知して呼の規制を掛け，緊急通信などのための回線余裕を確保する。

3.4.2　ネットワークの機密管理

通信ネットワークの高度化が急速に進展し，われわれの周りにもインターネットを代表とする広域でかつオープンなネットワークの利用が一般的になってきた。多くの人々がこのような大規模なネットワークを利用すると，この便利なネットワークを不正に利用したり，おもしろ半分にさまざまな妨害を企てる人物が出現する。このような不正利用や妨害を避けるための種々の工夫や対策が，インターネット関連のソフトウェアやハードウェアに対してとられることが一般的になってきたのは，非常に残念なことであると考える。

しかし，このネットワークの便宜性を生かして商取引に利用する，いわゆる**電子商取引**（electronic commerce：**EC**）への期待が高まり，セキュリティへの対策は否が応でも重要な問題にならざるをえなくなってきた。

安全なシステム構築や運用のためには，システム構成や運用状況をもとに，故障や事故の発生確率を予想するリスク分析の実行，ネットワークの利用規定を定めるセキュリティポリシーの策定，ネットワーク上のさまざまな対象に対する細かなアクセス制限，必要に応じて暗号技術や認証技術を利用するなどの対応が必要である。ネットワークを攻撃から防御するためのシステムやツールとして，**ファイアウォール**（firewall），IDS（intrusion detection system：侵入検知システム）が開発され，ハニーポットと呼ばれる侵入者をおびき寄せ調

査するシステムも利用されている。最も代表的な侵入阻止手法であるファイアウォールについて概説する。ファイアウォールは，組織内のネットワークに第三者が侵入してデータやプログラムの盗み見・改ざん・破壊などが行われることのないように，ネットワーク入り口に流れるデータを監視し，不正なアクセスを検出し遮断するシステムであり，ソフトウェアとしてコンピュータに導入して用いたり，専用のハードウェアを用いて実現する。

　データの盗み見を防止する代表的な手法が**暗号化**（encryption, encipherment）技術である。暗号通信では送り手が情報を暗号化するためのデータである鍵（暗号化鍵）と，受け手が暗号を解読するための鍵（復号化鍵）が必要である。送り手と受け手が同一の鍵を使用する方法を**秘密鍵暗号方式**（secret key encryption system），別々の鍵を使う方式を**公開鍵暗号方式**（public key encryption system）という。この公開鍵暗号方式は，電子商取引の際の印鑑

コーヒーブレイク

電子貨幣

　クレジットカードによる商取引は，利用者を信用した信用取引です。これに対し，貨幣は，利用者ではなく貨幣や貨幣を発行した銀行を信用することによって取引が成立しています。貨幣の特徴は，複製が困難であること，誰が使ったのか特定する必要がないことです。このような特徴をもった貨幣を電子的に実現したものが電子貨幣と呼ばれ，電子的であるゆえに，インターネット上でやりとりが容易にできます。

　従来，インターネット上の通信販売などでは，おもにクレジットカードによる決済が行われていました。これには，決済コストやプライバシー保護などの問題があるうえ，安全性にも疑問があります。そのため，電子貨幣をネットワーク上で流通させ，上記の問題を解決しようという試みが広く研究・開発されています。

　電子貨幣の実用化の実験は，1994年秋に米 Digital Cash 社がスタートさせたのを皮切りに，米国 Cyber Cash 社などさまざまな企業で開始されています。また，最近では，ネットワーク上だけでなく，一般の買い物にも電子貨幣を流通させる試みもあります。

代わりの署名に利用できないかということで話題になっている。この方式は送り手が秘密鍵を所有し，それを使って通信文や署名を作成し送信する。受け手はそれを解く公開鍵を持ち，文書を元に戻すことができる。暗号文は秘密鍵を持っている人物でないと作成できないので，作成された文書が本人のものであることが判別できる。この安全性は，非常に大きな整数を素因数に分解することが非常に困難であることに根拠をおいている。

演 習 問 題

【1】 フリーダイヤルの課金はどのように行われているか。

【2】 接続品質を一定値以上に保つために，どのような方策が採用されているか。

【3】 君たちの周りのコンピュータシステムでは，ハードウェア故障に対する安全対策を講じているかどうかを調べてみよ。

【4】 あるシステムの平均故障間隔が100時間，平均修理時間が20時間である。このシステムの稼働率（**アベイラビリティ**（availability），期間中に機能を正常に維持している時間の割合）はいくらか。

【5】 あるシステムは二つのサブシステムAとBとで構成されている。サブシステムの稼働率は，それぞれ0.8と0.7とである。
（1） サブシステムAの出力がサブシステムBに入るようなシステムの場合，システム全体の稼働率はいくらか。
（2） サブシステムAとサブシステムBが並列に設置され，どちらかが稼働すれば問題のないシステムの場合，システム全体の稼働率はいくらか。

【6】 サブシステムAが10機，サブシステムBが20機で構成されたシステムがある。各サブシステムの故障率がそれぞれ500 FITと300 FITとすると，システム全体の**MTBF**（mean time between failures，**平均故障間隔**または**故障間平均時間**）はいくらになるか。ここで，故障率の単位FIT（failure unit）は，1 000時間当りに0.000 1の故障が生じる確率を1 FITとして表す。

4

標本化と符号化

　現代の情報通信は，ディジタル技術によって支えられているといっても過言ではない．本章では，後の章の基礎となるよう，ディジタル化の考え方と通信との関係を述べる．アナログ信号をディジタル化するときの処理方法や，ディジタル化した情報を通信するための基本の過程を取り上げる．

4.1 アナログ信号のディジタル化

　日常生活でわれわれの扱う情報は，連続した**アナログ信号**（analog signal）で表現される場合が多い．このようなアナログ信号を処理するとき，ディジタル化すると信頼性，経済性，柔軟性などの利点が生じるので，情報通信においてもディジタル化が進んでいる．ディジタル通信を行うには，アナログ信号をディジタル化しなければならないので，まずこの方法を考える．

　アナログ信号をディジタル化するための最初の処理は，時間的に離散化することである．**図 *4.1*** のように，連続時間信号の振幅を一定時間間隔で読み取ることで離散化できる．これを**標本化**（sampling）という．標本化で重要なことは，もとの信号を完全に復元できるような値を得ることである．これは時間間隔で決まり，**標本化定理**（sampling theorem または Nyquist theorem）と呼ばれる定理が知られている（この定理の厳密な証明は本書の目的からはずれるので，信号処理に関する専門書を参照していただきたい）．

　[**標本化定理**]　原波形が有限の角周波数成分 $(-W, W)$〔rad/s〕しか持たないとき，$T = \pi/W$〔s〕以下の周期で標本化すれば，サンプル値から原

46 　4．標本化と符号化

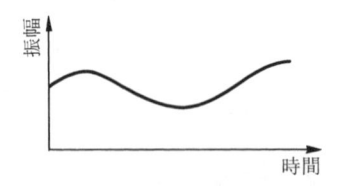

(a) 連続時間信号

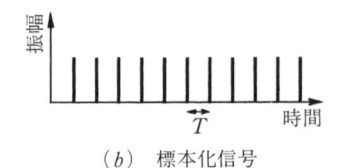

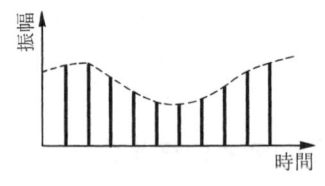

(b) 標本化信号

(c) 時間離散化信号

図 **4.1** アナログ信号の標本化

波形を完全に復元できる．

　標本化定理の上記の表現を周波数に変えると，原波形を再生するのに必要な最小の標本化周波数 f_T〔Hz〕(**ナイキスト周波数**（Nyquist frequency)) が存在することになる．標本化周期が短い（標本化周波数が大きい）とサンプル値がたがいに独立で原波形を復元でき，逆なら隣接値が干渉しあってひずむことを意味している．必要以上の標本化はむだであり，標本化周期が長いと**折返し雑音**（folding noise）を生じるのである．標本化定理はまた，適切に標本化された信号は，**低域通過フィルタ**（low pass filter：LPF）を通すだけで原波形を再生できることも保証している．

　標本化により得られたサンプル値は時間的に離散化されているが，振幅方向にはアナログ値のままである．このような波形は，標本化した信号をパルス振幅に乗せているので，**パルス振幅変調**（pulse amplitude modulation：PAM）という．しかし，PAM 信号のまま伝送する方式は，高周波成分の減衰や外部雑音の影響などで品質を保ちにくいので一般には使われない．標本化

されたアナログ値をさらに**量子化**（quantization）して，振幅方向も離散化する。このような量子化された信号をディジタル値で表したものが，**ディジタル信号**（digital signal）である。

量子化の過程では図 4.2 に示すように，一定区間のアナログ量を同じディジタル値で表現するので，本質的に避けることのできない誤差が生じることになる。これは，**量子化誤差**（quantization error）または**量子化雑音**（quantization noise）と呼ばれている。振幅 A の信号を n ビットで量子化すると，分割される最小単位の**分解能**（resolution）は $A/2^n$ となり，これを 1 LSB (least significant bit) という。このとき最大 $\pm$LSB/2 の量子化誤差を生じることになる。すべての振幅を同じステップで量子化する線形量子化では，どのステップでも同じ量子化誤差なので，振幅の小さな信号に対して相対誤差が増加する。これを避けるために，振幅の小さいときは細かな量子化ステップで，振幅が大きくなると大きなステップで処理する非線形量子化を行うこともある。

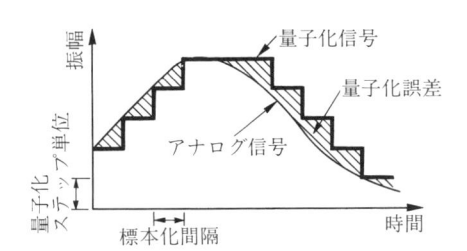

図 4.2 量子化と量子化誤差

量子化されたディジタル信号には，量子化ステップに対応した符号を割り当てる。これを**符号化**（coding または encoding）という。符号として，通常の自然 2 進数を使う場合以外に，隣り合う量子化ステップで 1 ビットしか異ならない**交番 2 進符号**（reflected binary code）または**グレイ符号**（Gray code）を使うこともある。

このような標本化・量子化・符号化の処理は，通信以外の分野でも広く使われている。アナログ信号をディジタル信号に変換する**符号器**（coder）を **A–D 変換器**（analog-digital converter），その逆の**復号化**（decoding）を行う**復号**

器 (decoder) を **D-A 変換器** (digital-analog converter) という．また，符号器と復号器を合成した**コーデック**（codec）と呼ばれる装置や LSI 化された回路が，ディジタル音声・画像処理などで利用されている．

4.2 PCM 通信と伝送速度

標本化定理に基づく標本化間隔で標本化したのち，サンプル値を量子化して 2 進符号化することを，**パルス符号変調**（pulse code modulation：PCM）という．PCM に基づいた通信を PCM 通信方式といい，電話回線の場合に図 *4.3* に示すような流れで実現できる．アナログの音声信号を標本化・量子化・符号化してディジタル伝送路に送る（伝送路上の信号に関しては，*5.1.1* 項参照）．受信側では復号化したのちに，低域通過フィルタ（LPF）を通して**平滑化**（smoothing）することで，もとの音声信号を再生できる．

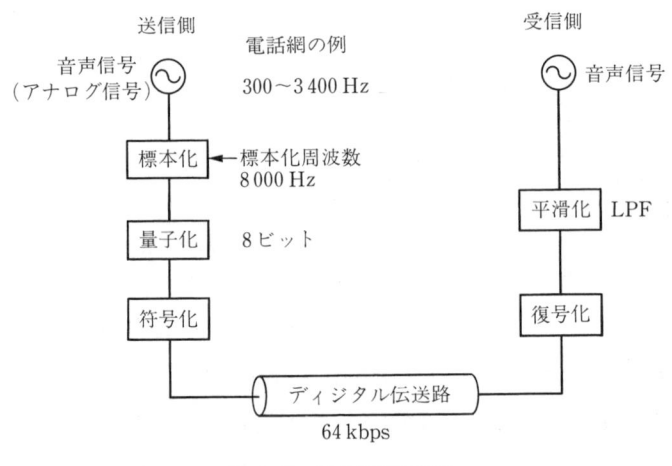

図 *4.3* PCM 通信方式

電話網の音声信号は 300～3 400 Hz の帯域を占めるので，最大周波数を 4 000 Hz として 8 000 Hz の標本化周波数とする．量子化で 8 ビットの 2 進符号に変換するので，8 kHz×8 ビット＝64 kbps の伝送となる．ここで，**bps** (bits per second) は1秒当りの伝送ビット数であり，ディジタル通信における伝送速度の単位である．64 kbps の伝送速度は，15.625 μs に1ビットを送るもので，ディジタル通信の基本速度となっている（**5.4.1**項参照）．

コーヒーブレイク

ディジタル化のメリット

　情報通信に限らず，いろいろなところでディジタル化が進んでいます．ディジタル化が進むには，なんらかのメリットがあるからです．このことを考えてみましょう．ディジタル信号は，電圧の高低，接点のオンオフ，ピットの有無など，二つの状態が区別できるものであれば，どのようなものを使っても表現できます．このことが多くのメリットを生んでいます．

　ディジタル信号では二つの状態さえ区別できればよいので，外乱に影響されにくく雑音に強い処理ができます．たとえ信号に多少の乱れがあっても，簡単に完全にもとに戻すことができます．つまり，非常に信頼性の高い処理ができるのです．遠くに伝送しても，何度コピーを繰り返しても，ディジタル情報はまったく劣化しません．

　しかも，ディジタル信号の処理は同じことの繰返しが多く，経済的に扱えます．ディジタル集積回路のように，処理の速度が向上し大量のデータを扱えるようになっていながら値段の下がっている産業製品は，他に類を見ません．身近なたくさんの機器がディジタル化の恩恵を受けています．この代表はコンピュータ関連製品で，机上で使える小形のパーソナルコンピュータが一昔前の大形コンピュータと同等以上の機能を持ち，しかも安価で買えるようになりました．

　さらに，ディジタル処理をコンピュータと組み合わせることで，非常に柔軟性の高い処理ができます．処理をソフトウェア化することで，同じハードウェアを使っているのに，複雑な判断を組み込んだり，状況に応じた情報を追加したりなど，アナログ処理では実現できないことを行えるようになりました．

　最後に，ディジタル化によって，すべての情報を統一して扱えることも重要です．ラジオ・電話による音声も，テレビの動画も，新聞・雑誌の文字も，すべてディジタル化して同じ媒体に記録したり同一伝送路で送ることができます．これはマルチメディア化といい，ISDN やインターネットなどの発展している重要な理由になっています．ディジタル化に基づいたマルチメディア化は，社会生活にまで大きな影響を与えているのです（**10**章のコーヒーブレイク参照）．

演　習　問　題

【1】 標本化定理において，原波形の帯域幅を $B(=W/2\pi)$ とすると，最小の標本化周波数 f_T を B で表せ。

【2】 4ビット長の量子化ステップにおいて，交番2進符号を示せ。また，交番2進符号の利点を述べよ。

【3】 10Vの振幅を持つ信号を8ビットで量子化したとき，ほかに誤差のない理想的な場合の最大量子化誤差を求めよ。また，16ビットならいくらになるか。

【4】 8kHzで標本化し8ビットで量子化した音声信号を，24チャネル多重化して伝送するとき，必要とされる伝送速度を求めよ。ただし，各チャネルの同期用に1ビットの信号を使うものとする。

5

ディジタルネットワーク

　情報のやりとりをディジタル信号で行うと，信頼性の高い機能の豊富な情報通信システムを実現できる．本章では，ディジタル情報の通信を行うデータ通信ネットワークに関し，その基礎概念を扱う．データ通信ネットワークの特徴と使われている技術ならびに回線交換とパケット交換という重要な交換方式を説明した後に，ユーザ間のすべての通信系をディジタル化したISDNを取り上げる．

5.1　データ通信ネットワーク

　情報通信システムで扱う情報は，電話の音声に代表されるアナログ信号からコンピュータデータに代表されるディジタル信号へと広がっている．1章でも説明されているように，歴史的には，電話網に加えて，ファクシミリ機器同士の通信を行うファクシミリ網とディジタル機器同士の通信のためのデータ通信網とが独立に作られた．ついで，1970年代後半になると，これらのネットワークサービスを統合して，音声，画像，映像，文字などのマルチメディア情報をディジタル化して同じ伝送路で運ぶISDNへと発展している．一般に，このようなディジタル化された情報を通信路を介して一地点からほかの地点に送ることを**データ通信**（data communication）という．

　情報をディジタル化して送ると，高速でありながら通信の途中で信号を整形して高い信頼性の伝送が可能になったり，コンピュータと組み合わせた処理により高機能の伝送を実現できる．このようなデータ通信を行うためには，情報を送り出す装置から受け取る装置までを，情報信号を伝えるための伝送メディ

アによってつながなければならない。このような通信路を**通信チャネル**（communication channel）という。

通信チャネルを実現するためには
① ディジタル信号を伝えるのにふさわしい伝送メディアを使った**伝送路**を敷設すること
② 目的の装置を選んで信号を通過させるための**交換機**（switch）または**交換局**（exchange）を設けること
③ やりとりする信号の意味を定める**通信プロトコル**（**通信規約**）が相互に明確になっていること

という，**図 5.1** に全体像を示すような仕組みを作らなければならない。まず，これらの役割について概要を説明する。

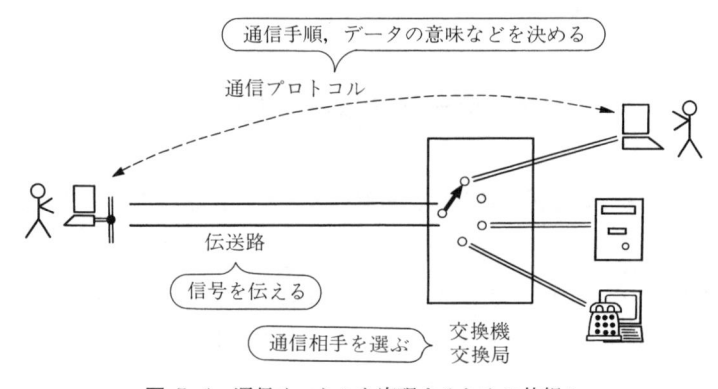

図 5.1　通信チャネルを実現するための仕組み

5.1.1　ディジタル信号と伝送路

ディジタル化した情報を伝送するためには，適切な電気信号に変換しなければならない。この方法として
① **ベースバンド伝送方式**（baseband communication system）
② **ブロードバンド伝送方式**（broadband communication system）あるいは**ディジタル変調伝送方式**（digital modulation communication system）

という二つの方式が使われている。前者では，ディジタル情報に対応したパルス信号に変換し，ディジタル伝送路を使ってディジタルのまま送る。これに対して後者では，ディジタル情報で変調をかけたアナログ信号をアナログ伝送路で送るものである。

〔1〕 ベースバンド伝送方式　　ベースバンド伝送方式においては，どのようなパルス信号に変換するかが重要である。伝送路上のパルス信号を**伝送符号** (line code, modulation code) といい，直流的に平衡がとれ，雑音に強く，伝送容量が大きくて，しかも変換回路が簡単なことが要求される。これらの要求を同時に完全に満たすことは難しいが，極力満たすような各種の伝送符号が提案されている。代表的な伝送符号と特徴を，**表 5.1** に示す。さらに効率的な伝送を行うために，複数の情報ビットをグループ化して伝送符号に変換することも行われている。n ビットの情報を m ビットの伝送ブロックで表現し，冗

表 5.1 代表的な伝送符号と特徴

符号名	情報例 011001	特　徴
ダイポーラ (NRZ)		信号の正と負の極性と "1" "0" を対応 ゼロレベルに戻らない NRZ と戻る RZ 平衡性はよいが，極性変化が大で広帯域 一方の極性をゼロレベルとしたユニポーラ符号もあり
ダイポーラ (RZ)		
バイポーラ (AMI)		"0" をゼロレベル，"1" を正と負の極性に交互に対応 差分 (NRZI) はこれを NRZ 形式で実行 正負極性の平衡性良好 差分のほうが狭帯域
差分 (NRZI)		
マンチェスタ		1ビットを極性の変化または組合せに対応 変換方式は演習問題参照 信号の正負の平衡性良好 ミラー符号は周波数帯域特性良好
差分マンチェスタ		
ミラー		

(注)　NRZ (non-return-zero)　　AMI (alternate-mark-inversion)
　　　RZ (return-zero)　　　　　NRZI (non-return-zero-inversion)

長性を持たせて伝送にふさわしいものだけを送る方式がある。この伝送符号を $nBmB$ 符号と呼び，2B3B 符号や 4B5B 符号が使われている。

〔2〕 **ブロードバンド伝送方式**　ブロードバンド伝送方式では，**FM** (frequency modulation) や **PM** (phase modulation) などのアナログ変調により，ディジタル情報で変調されたアナログ信号に変換する。データ伝送用の変調方式として，2値信号に対応する伝送キーを定めておき，このキーで変調をかける**キーシフト方式** (shift keying) が使われる。対応のさせ方により，つぎのような基本となる種類がある。

① 振幅キーを2値信号に対応させる ASK (amplitude shift keying)
② 搬送波の両側の対称な二つの周波数を2値信号に対応させる FSK (frequency shift keying)
③ 位相 0 と π を2値信号に対応させる PSK (phase shift keying)

低中速の伝送には FSK や PSK が使われるが，さらに高速で効率的な伝送のための変調方式もある。複数ビットを組み合わせて位相シフトに対応させる **QPSK** (quadrature PSK：2ビットの情報の場合) や，PSK と ASK とを組み合わせて1伝送符号で多値ビットに対応させる**直交振幅変調方式** (quadrature amplitude modulation：QAM) が代表的なものである。このような変調方式は，公衆回線を利用してコンピュータネットワークに接続するときに必要となるモデムに実装されている (**2.3.2** 項参照)。

〔3〕 **伝送メディア**　上で述べたような電気信号は，各種の**伝送メディア** (transmission media) を通して伝達される。伝送メディアとしては，

・損失が少なく，信号を途中で処理せず遠くまで伝送できること
・伝送中に誤りが発生しないよう，雑音，ひずみ，漏れなどの少ないこと
　（電気信号がほかの信号線に漏れることを**漏話** (crosstalk) という。）
・大容量の情報を送れるよう，広い周波数帯域をもつこと
・信頼性が高く，安価に敷設でき，経済的に運用できること

といった性質を持つことが必要である。現在用いられている伝送メディアは，有線系と無線系に大別できる。有線系は銅線や光ファイバの物理的線で信号を

伝え，無線系では電磁波により空間を情報伝送に使う。

有線系伝送メディアとして，1) ペア（対）ケーブル，2) 同軸ケーブル，3) 光ファイバケーブルが重要なものである。

1) **ペアケーブル**（pair cable） ケーブル心線に銅線を使い，絶縁体としてポリエチレンなどのプラスチック材で覆った線で，往復2導線をペアで用いる。これらペアケーブルはより合わされて**ツイストペアケーブル**（twist pair cable）とされる。より合わせることで，電磁雑音を防ぎ漏話を低く抑えることができる。ペアケーブル一組だけで使われることは少なく，**図 *5.2***のように数組のペアケーブルを一体化して敷設する。ペアケーブルは安価で敷設しやすいが，伝送帯域，伝送損失，電磁雑音，漏話などの特性で，他の有線系メディアより劣る。この特性から，構内電話網や LAN 配線（*8*章参照）などの，狭帯域の短距離伝送に使われている。

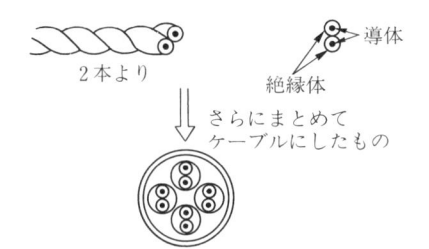

図 *5.2* ツイストペアケーブル

2) **同軸ケーブル**（coaxial cable） 図 *5.3* に示すように，中心導体，絶縁体，外部導体，保護被膜から構成されている。外部導体は円筒状またはメッシュ状で中心導体を囲んでおり，電磁的な遮へい効果が高い。ペアケーブル

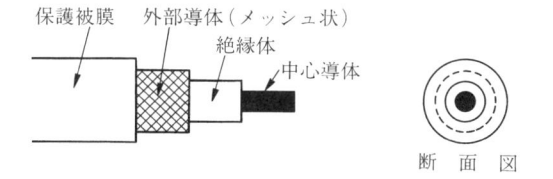

（注）外部導体の外側に，さらにシールド用導体を
入れたトライアック同軸ケーブルもある

図 *5.3* 同軸ケーブル

に比べて伝送特性が優れており，基幹系の伝送メディアや CATV, LAN など に使われている．

3）　光ファイバケーブル（optical fiber cable）　図 5.4 のように，透明性が非常に高いファイバを，保護と補強を兼ねた被覆で覆った構造をしている．中心のファイバは，屈折率の異なる二つの層，**コア**（core）と**クラッド**（clad）に分かれており，伝搬する光をコア内に閉じこめるようになっている．光は非常に周波数の高い電磁波であり，超高帯域の大量伝送が可能である．光ファイバの出現により，光の減衰や拡散を防いで長距離伝送が可能となったため，重要な伝送メディアになっている．超高帯域，低損失，小形軽量などの特性から，基幹系通信から LAN まで広く普及している．

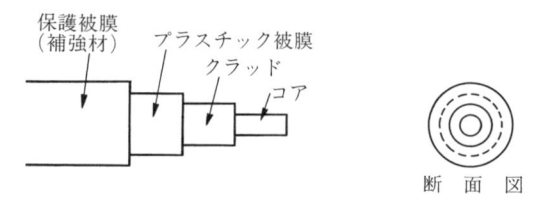

図 5.4　光ファイバケーブル

4）　無線系伝送メディア　以上述べた有線系伝送メディアでは，信号は均質な物質中を伝わるので安定な伝送が可能である．しかし，伝送すべき地点間に物理的線を張り巡らせる必要があり，敷設後に配置を大きく変えるのが困難であったり，持ち運びのできる携帯型や移動型の機器に接続することはできない．通信機器の利用形態が多様化するなかで，どこでも自由に接続したいという要求が増え，物理的な敷設作業の必要ない無線系伝送メディアの開発が進んでいる．

　無線系伝送としては電波や赤外線が利用されている．これら電磁波は空間を伝わるため，接続の自由度を大幅に向上できる．しかし，遮へい物による減衰，壁などからの反射による多重波干渉など，無線信号を乱す要因が多くあり不安定な伝送になる．これを克服するための高度な信号処理技術が開発されている．さらに，電波の利用については，法律により厳しい規制がなされてお

り，どんな周波数帯でも利用できるわけではない[†1]。これまでの割り当て帯域との調和を図りながら，新たな利用に向けての検討が行われている。また，空間を自由に伝搬する電波は誰でも受信可能なために，セキュリティに関する検討も不可欠である。

無線系伝送メディアは，技術的な課題は多いものの，場所を選ばない接続性の利点から，従来の有線系メディアを置き換える用途だけでなく，無線でなければ実現できない新たな応用へと発展している。携帯電話の末端でのアクセスは無線なしには成り立たないし，**無線 LAN**（**8.2.6**項参照）の普及はネットワークの利用形態を変え，すべてのモノを結んで多様で存在を感じさせないサービスを提供しようとする**ユビキタスコンピューティング**[†2]の基盤技術の一つとなっている。

5.1.2 交換方式

通信相手まで単一の伝送メディアで接続されていることはまれで，通信チャネルを形成するためには，適切な回線や経路を選択し，通信している間の接続を維持しなければならない。このような，交換機または交換局における回線・経路の選択制御方式を**交換方式**（switching system）という。適切な交換方式により，多くのユーザが共用している伝送路を使っていても，任意のユーザ間で自分たちだけが通信を行っているように見えたり，伝送路に空き時間のないよう情報を詰め込んで流すことができる。

データ通信における交換方式は，回線交換方式と蓄積交換方式とに大別できる。

***1*）回線交換方式**（circuit switching system） 通信要求の発生により相手を呼び出し，最終の両ユーザ間に占有的な通信チャネルを設定する。一度

[†1] 従来から産業，科学，医療分野に解放されていた ISM（industrial, scientific and medical）帯が流用されている。
[†2] ユビキタスコンピューティング（ubiquitous computing）とは，身の回りの至る所にネットワーク接続されたコンピュータ機能をもつモノが存在し，これらが自律的に連携して動作することで，人間の生活を補助し支援する情報環境を意味する。

通信チャネルが設定されると，情報が流れているかどうかに関係なく通信路を占有して情報の転送を行う方式である．空間分割形と時分割形の回線交換方式がある．詳しくは，**5.2**節で述べる．

2）　蓄積交換方式（store and forward switching system）　伝送すべき情報をいったん交換機の記憶装置に蓄積し，適切な加工を行って伝送する方式であり，ディジタル情報のみを扱える交換方式である．伝送すべき情報をブロック化し，ブロック単位での転送と蓄積を繰り返しながら最終ユーザに到達する．各ブロックには，あて先や誤り制御のため，**ヘッダ**（header）と**テイラ**（tailer）と呼ばれる制御情報を付加する．

ブロック化の単位により，**メッセージ交換方式**（message switching system）と**パケット交換方式**（packet switching system）がある．前者は，通信すべき情報（メッセージ）をそのままブロック化して伝送する．これに対して後者では，メッセージを**パケット**（packet）と呼ばれる伝送単位に分割し，各パケット単位で蓄積と交換を行う．メッセージ交換は，伝送すべき情報ごとの処理のためわかりやすいが，効率が悪く，オフライン形の交換が一般的である．データ通信では，適切なブロック化で効率を高めることのできるパケット交換がもっぱら使われているので，今後はパケット交換のみを扱い**5.3**節で詳しく説明する．

3）　交換方式の比較　　回線交換とパケット交換の詳細は後の節で説明するので，ここでは両者の比較を行っておく．通信を行うとき，相手とどのような経路でつながるかを意識せずにすみ，情報を送りたいときリアルタイムに伝えたいという要求と，通信路にすき間なく情報が流れるようにして伝送効率を高めたいという要求がある．これらの要求は矛盾する面を持っており，回線交換はおもに前者の要求を満たしやすく，パケット交換は後者を満たしやすい．

回線交換で占有路が確保されると，途中の経路を意識することなく**透過性**（transparency）の高い通信が行える．また，伝送路のもつ最大速度で転送でき，リアルタイム性に優れる．したがって，音声，動画のような通信密度の高い**ストリームトラフィック**（stream traffic）に適する方式である．しかし，

通信速度は通信路の最低部分に合わさなければならず，通信のない間も伝送路を占有するために利用効率が悪い。この欠点は，パケット交換では生じない。伝送に待ち時間が許されているので，伝送路の空き時間に情報を埋め込んで効率を上げることができるからである。さらに，パケット交換では，交換処理中に付加的な加工を行うことができる。このため，コンピュータデータのやりとりのような，時間的変化の大きい**バーストトラフィック**（bursty traffic）の転送や，通信と情報サービスを組み合わせた情報ネットワークに適している。

5.1.3 プロトコルの意義

データ通信を行っているとき，伝送中にひずみや雑音により情報が変わったり抜け落ちると，誤った内容を伝えることになる。ディジタル信号の場合，1ビットの誤りでも重大な問題を引き起こす可能性がある。このため，各種の通信機器の間で，正確で効率的な伝送を高速に行うために，通信のための手続きを適切に定めなければならない。このような情報通信の手続きを，通信プロトコルあるいは単に**プロトコル**（protocol）という。すなわちプロトコルとは，通信を行う相互の実体間で了解された，ネットワークやインタフェース部で行われる制御手続きを意味する。

通信制御の手順を定めるためには，通信を行う装置間の関係，伝送方向，通信に関係する装置（局）数など，多くのことを明確にしなければならない。装置間の関係では，制御を行う主局それに従う従局の見方により，主従の関係が固定された**非平衡形**，いずれもが主にも従にもなれる**平衡形**，すべてが対等な**分散制御形**がある。伝送方向では，一方向にしか通信できない**単方向**（simplex），双方向に通信可能だが同時には一方向しか通信できない**半二重**（half-duplex），同時に双方向に通信できる**全二重**（full-duplex）がある。また，通信に関係する局数では，1対1，1対n，n対n，n対mの場合が存在する。この中で，1対n通信において，主局からすべてのn局に情報を送る場合を，**ブロードキャスト**（broadcast）あるいは**マルチキャスト**（multicast）と呼んでいる。

このような多くの伝送形式のもとで，通信局間で誤りなく，高速に，効率よくデータ通信を行うためには，つぎに示すような伝送制御プロトコルを定める必要がある．

- 端末接続制御：各種の入出力機器を制御し，コンピュータ本体とのデータのやりとりを実現する．
- 回線制御：回線の断続を制御し，接続中の回線を維持したり，障害が発生したときの回復を行う．
- 同期制御：ディジタル情報のビットまたはキャラクタ同期をとる．
- 情報および通信局の識別制御：情報の開始終了を識別し，通信すべき局を決定するための制御を行う．
- 送信権制御：共用伝送路にデータを送信するための制御を行う．
- 誤り制御：伝送中に発生した誤りを検出し，これを除去するための制御を行う．
- 順序制御：情報を複数ブロックに分割して伝送するとき，伝送の順序を維持するための制御を行う．

以上は，ディジタル情報の意味を考えないで，正しく送るための伝送制御プロトコルである．実際のデータ通信では，さらにディジタル信号に意味づけを行っていく．このための高次のプロトコルも存在する．このようにプロトコルは，非常に広い意味を持つので，ここですべてを説明することはできない．伝送制御手順の基礎となる HDLC 手順を次項で取り上げ，その他の具体的なプロトコルについては，本書の各所で取り上げていく．

5.1.4 HDLC 手 順

正確で効率的なデータ通信を行うためには，それに見合う伝送制御プロトコルが必要である．この代表が **HDLC** (high-level data link control) **手順**である．この考え方は，後で触れるパケット交換，フレームリレー交換，ISDN などの基礎となっている．

HDLC 手順は，高速・高効率な制御の行える国際標準規格であり，つぎの

ような特徴を持っている。

- 双方向同時伝送（全二重通信）可能
- データの連続伝送可能
- 信頼性の高い高度な誤り制御
- 任意の長さのデータをビット単位で伝送可能

HDLC 手順の伝送は，**フレーム**を単位として行う。フレームは，メッセージ，制御情報，アドレス情報，誤り制御情報などをまとめたもので，図 **5.5** のような構造となっている。可変長データを載せられる情報フィールドや，誤り制御のためのフレームチェックシーケンスなどからなる。フレームには

- I フレーム（information frame）：ユーザ情報の正常な転送に使用
- S フレーム（supervisory frame）：伝送時の誤り・送信権などの監視に使用
- U フレーム（unnumbered frame）：通信開始時のモード設定や通信終了時の開放などに使用

の 3 種類がある。

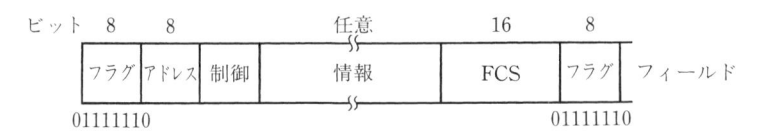

図 **5.5** HDLC におけるフレームフォーマット

FCS（frame check sequence）

HDLC における通信局は，データリンクの主制御を行う 1 次局，1 次局の指示により動作する 2 次局，たがいに対等な関係で 1 次局と 2 次局両方の機能を持つ複合局という三つに分類される。これらの局の間で，1 次局から 2 次局に対する制御を行う**コマンド**（command）と，これに対する 2 次局から 1 次局への応答である**レスポンス**（response）とをやりとりしながら伝送制御を行う。この制御手順クラスとして，図 **5.6** に示すような二つに大別できる。

① **不平衡形手順クラス**（unbalanced-class of procedure）　　伝送系内に

(a) 不平衡形手順クラス　　　　　　(b) 平衡形手順クラス

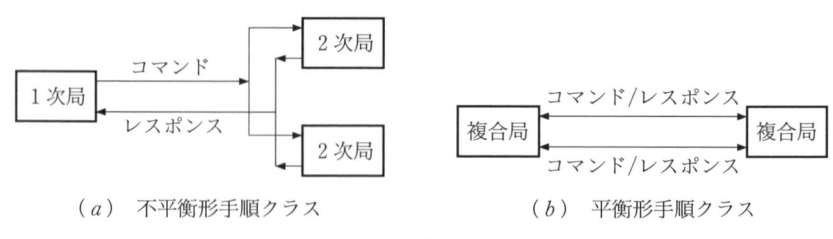

図 5.6　HDLC の通信局と手順クラス

1次局が一つだけ存在し制御する手順
② **平衡形手順クラス**（balanced-class of procedure）　複合局同士が対等な関係で制御し合う手順

HDLC の伝送制御モードには，データの送受信を制御する動作モードと，データリンクの開始・終了を制御する非動作モードがある。これらをさらに細分化するとつぎのようになる。①から③が動作モード，④と⑤が非動作モードである。

① **正規応答モード**（normal response mode）　不平衡形手順クラスにおいて，1次局から許可を得たときだけ2次局がレスポンスを送信するモードである。

② **非同期応答モード**（asynchronous response mode）　不平衡形手順クラスにおいて，1次局，2次局ともに両方から同時に伝送できるモードである。

③ **非同期平衡モード**（asynchronous balance mode）　平衡形手順クラスにおいて，複合局同士がたがいに許可なく伝送できるモードである。

④ **初期モード**　1次局または相手複合局からのコマンドによりデータリンク制御を初期化するモードである。

⑤ **切断モード**　データリンクを論理的に切断するモードである。

以上のまとめとして，正規応答モードにおけるデータリンクの確立・解除の手順を図 5.7 に示す。1次局から **SNRM**（set normal response mode）コマンドを2次局に送る。2次局が受け入れ可能なら **UA**（unnumbered acknowledge）レスポンスを返すことで，正規応答モードのデータリンクが

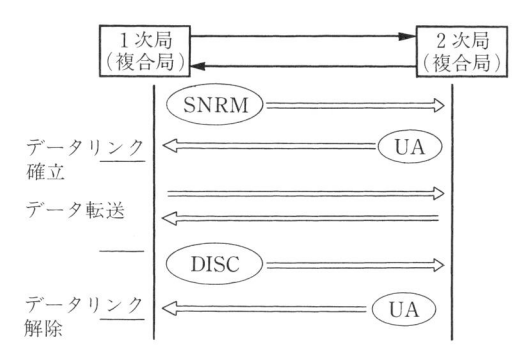

図 5.7 正規応答モードにおけるデータリンクの確立・解除

確立される．その後，データ転送が続く．データリンクの解除は，1次局が **DISC**（disconnect）コマンドを送り，2次局が UA レスポンスを返すことで完了する．

5.2 回線交換方式

データ通信用の回線交換網は，データ速度に合わせた通信チャネルを通信端末間に占有的に確立する方式である．通信中に固定的な接続を実現するために，交換機の入力端子（入線）と出力端子（出線）間に所定の通信接続を行う．交換機と交換機の接続を逐次行い，全体的な通信を行えるようになる．

回線を接続する方法に，空間分割形と時分割形がある．**空間分割回線交換方式**（space division switching system）は，接続先に応じた物理的な空間スイッチを選択し接続する（**図 5.8**）．これによって，接続すべき両端に通信路を確立する．一般に，入線と出線を格子状に構成し，交点のスイッチを閉じることにより回線接続を実現する．リレーなどの機械部品でスイッチなどを構成する**クロスバ交換機**（crossbar switching system）から，LSI などの電子部品により構成された**電子交換機**（electronic switching system）に発展している．この方式は，アナログ電話交換機や加入者電信機に代表されるアナログ通信で広く使われている．

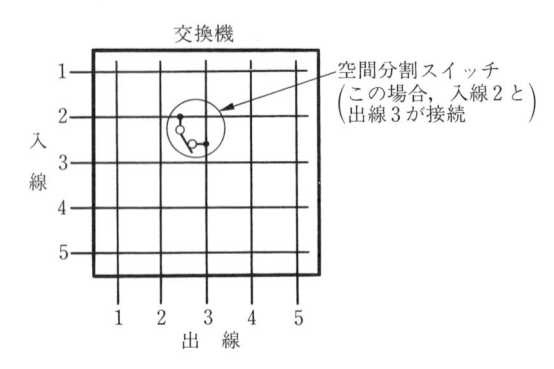

図 5.8 空間分割回線交換方式

　一方，**時分割回線交換方式**（time division switching system）は，時間をもとにデータを伝送することから，信号の時間的な配置を操作することにより接続を切り替える。図 5.9 に示すように，ディジタル化された信号を時間多重化し，順序入換えスイッチ（ディジタル交換機）に入れる。ここで通信先の位置に基づいて時間位置（タイムスロット）を入れ換えることで，結果的に入線と出線の接続を行う方式である。時分割多重化されたディジタル信号のまま交換するので，**ディジタル交換**（digital switch）とも呼ばれる。

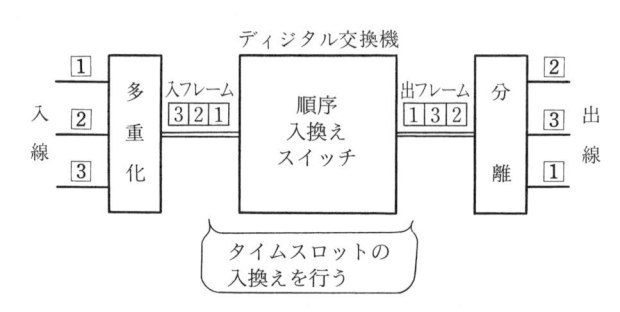

図 5.9 時分割回線交換方式

5.3 パケット交換方式

パケット交換は，メッセージ（伝送情報）を交換機内でいったん蓄積し，**パケット**（packet）と呼ばれる伝送単位に分割してから，この単位で中継回線に順次送出する非同期多重通信方式である。パケット交換には，**データグラム**（datagram）**形式**と**バーチャルサーキット**（virtual circuit）**形式**の，二つの形式がある。

データグラム形式では，伝送要求に応じてその都度パケットを生成し，各パケットを独立に伝送する。このとき，複数のパケットに分割されたメッセージは，ネットワーク内の異なった経路を通って相手に届く場合もある（**図5.10**）。したがって，パケットの到達順や送達保証がなされないので，順序制御機構が必要となる。しかし，簡易なプロトコルで融通性に富むので，LAN（*8*章）などで採用されている。通信に先立って設定を行わないので，**コネクションレス**（connection-less）**形**とも呼ばれている。

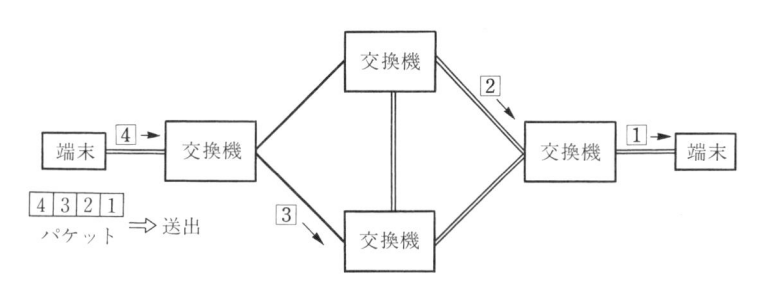

図 5.10 パケット交換方式（データグラム形式）

一方，バーチャルサーキット形式（**図5.11**）では，通信を行うときにあらかじめバーチャルサーキットという仮想的な回線設定を行い，この仮想回線を使って通信を行う。回線交換に似ているが，物理的な伝送路を確保するものではなく，交換機において伝送路の論理設定を行っているだけである。通信に先立ってバーチャルサーキットの設定をしなければならないので応答時間は長く

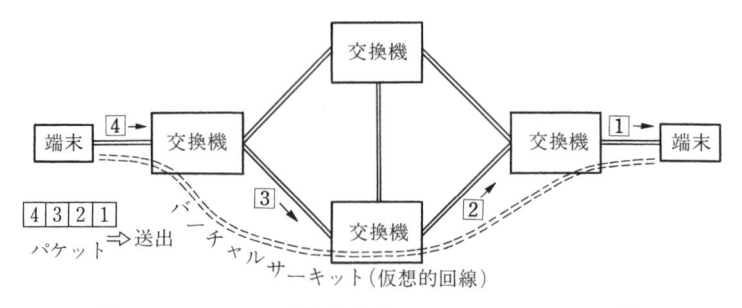

図5.11 パケット交換方式（バーチャルサーキット形式）

なるが，パケットの到達順や品質が保証される。この形式は国際標準化が進んでおり，商用の広域通信サービスに採用されている。通信に先立って設定を行うので，**コネクション**（connection）**形**とも呼ばれている。

パケット交換の重要なプロトコルに，**X.25 プロトコル**がある。国際電気通信連合電気通信標準化部門（ITU-T）の勧告として規定され，広域パケット交換網の標準プロトコルとして，1970年代の初めから使われている。X.25 プロトコルは，ユーザ側の端点である**データ端末装置**（data terminal equipment：**DTE**）と，ネットワーク側の終端である**データ回線終端装置**（data circuit-terminating equipment：**DCE**）との間のインタフェースを定めている（図5.12）。X.25 の DTE と DCE は，ともにパケット化機能をもつ端末であり，つぎの三つのインタフェースを満たすように作られている。

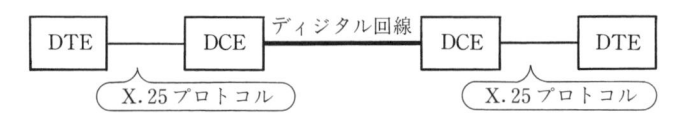

図5.12 X.25 プロトコルのインタフェース

1) 物理的接続レベル　DTE/DCE と伝送路とを接続するときの，物理的・電気的特性（ピン構成・電圧など）を規定する。

2) 伝送制御レベル　伝送路で接続された隣接装置間での伝送制御手順を規定する。この手順は **LAPB**（line access procedure balanced）と呼ばれ，図5.5 に示した HDLC のフレームを使っての，相手の許可なしに送信でき

る非同期平衡形の手順となっている。

3) パケットレベル　　リンク内部の手順を規定しており，DTE/DCE とネットワークとの論理チャネルの設定・開放などの接続制御手順である。基本的にバーチャルサーキット形を採用しており，単一伝送路を使って複数の相手局と同時に通信可能となっている。

5.4 ISDN

ISDN は，サービス総合ディジタル網と訳されるように，ディジタル伝送・交換を行うネットワークを使うことで，統合的なサービス網を実現するものである。すべての情報をディジタル化して処理することで，音声，文字，コンピュータデータ，図形，動画像など多様な情報を，単一の伝送ネットワーク上で統合して処理可能となる。異なった情報メディアを統合し情報の処理と伝送を融合した，広域の基幹ディジタル通信網が ISDN だといえる。このような統合化により，つぎのような利点が生じる。

1) マルチメディア通信（multimedia communication）**による高機能化**

ディジタル化通信によりプロトコル変換，メディア交換などが行え，通信機能を高品質化，高信頼化できる。さらに，すべての情報を一元化しコンピュータ処理と組み合わせることで，付加価値をつけた高機能の知的サービスを提供できる。

2) 利便性と経済性の向上　　電話，ファクシミリ，データ通信のサービスごとのネットワークを統合できるので，ユーザの利便性が向上するとともに，経済的に運用できる。

3) 標準化とサービスの広域化　　後述の世界標準規格が決まっており，世界規模の広域共通サービスを提供できる。また，新しいマルチメディア通信へ容易に拡張できる。

5.4.1 N-ISDN

　上記のような特徴を持つ ISDN が，N-ISDN (narrowband ISDN) として日本や欧米で実用化され，公衆通信ネットワークとして利用されている。N-ISDN の全体的な構成を図 **5.13** に示す。通信ネットワークが単一アクセス系で接続され，内部伝送・交換からユーザ端末までがディジタル化されており，振分け機能で従来の資源を活用したマルチメディアサービスを提供している。例えば，電話音声は PCM 方式（**4.2** 節参照）によりディジタル化され，64 kbps を基本とし数 Mbps 程度までの速度で伝送でき，他の情報と統一した信号制御形式をとっている。

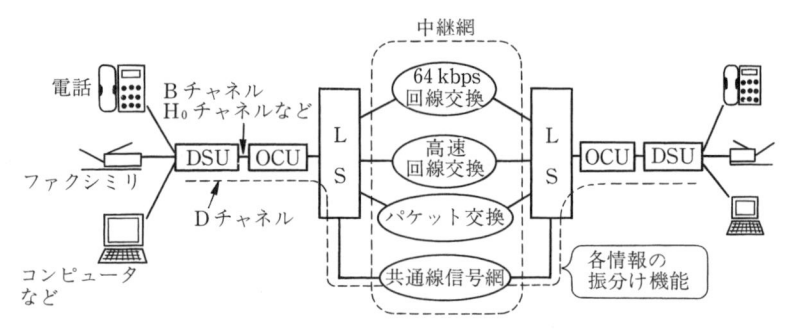

DSU (digital service unit)：回線接続装置または宅内回線終端装置
OCU (office channel unit)：局内回線接続装置または局内回線終端装置
LS (local switch)：加入者線交換機

図 **5.13**　N-ISDN の全体構成

　N-ISDN のユーザインタフェースは，図 **5.14** のように定められている。加入者回線からユーザ端末まで，T 点，S 点，R 点の三つの論理的な参照点がある。T 点はネットワーク側とユーザ側の分岐点であり，データ回線終端装置 (DSU) である NT 1 (network termination 1) と，集線・交換機能を持つ NT 2 との接続点である。S 点は，N-ISDN に対応したディジタル電話，G 4 ファクシミリなどの TE 1 (terminal equipment 1) と NT 2 との接続点である。一方，N-ISDN に直接接続できない従来の機器 TE 2 の場合は，NT 2 と TE 2 との間に変換用の TA (terminal adapter) が必要となる。TA

5.4 ISDN

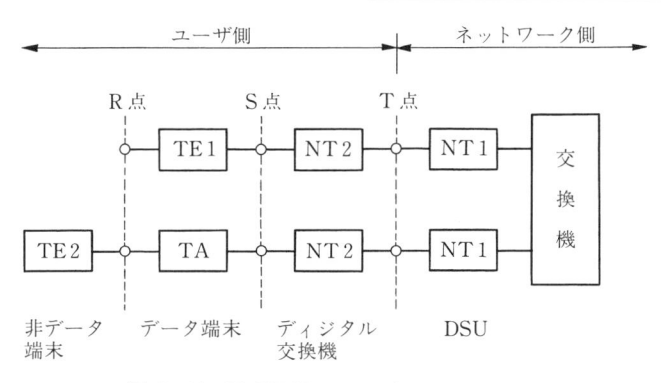

```
       ← ユーザ側 → | ← ネットワーク側 →
    R点    S点    T点
  ─[TE1]─  ─[NT2]─  ─[NT1]─┐
                          ├[交換機]
  [TE2]─[TA]─[NT2]─[NT1]─┘
  非データ  データ端末  ディジタル        DSU
  端末              交換機
```

図 5.14 N-ISDN のユーザインタフェース

と TE2 との接続点を R 点という。

N-ISDN 伝送路には，D/B/H の三つのチャネルタイプがあり，通信モード設定用の信号チャネルと，ユーザ情報を伝送する情報チャネルに使う。

1) D チャネル 回線交換制御用の信号チャネルに使用するのが主目的であるが，ユーザのパケット交換用情報チャネルとしても使える。16 または 64 kbps の速度である。

2) B チャネル ユーザ通信用の基本情報チャネルであり，回線交換・パケット交換・専用線のいずれかで使われる。64 kbps の転送速度である。

3) H チャネル 64 kbps を束ねた高速な情報チャネルである。384 kbps の H_0 チャネル，1 536 kbps の H_{11} チャネル，1 920 kbps の H_{12} チャネルがある。

これらのチャネルを組み合わせて，**基本インタフェース**（basic rate interface）と **1 次群速度インタフェース**（primary rate interface）の，二つのインタフェースが提供される。基本インタフェースは，図 5.15 に示すように 2B+D の速度で，通常の電話加入者線を使って N-ISDN へ接続する。バス形配線形式で電話機やファクシミリなどを，8 台まで接続可能である。なお，通常の加入者線は 2 線式であり，これで全二重通信を行うために，時分割方向制御方式またはエコーキャンセラ方式が使われる。前者はピンポン方式ともいわれ，通信速度を必要速度の 2 倍とすることで上り下りに時分割している。後

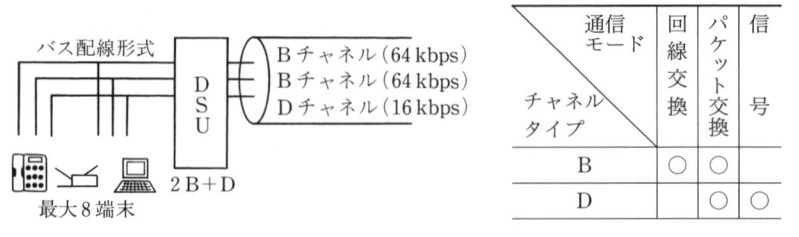

図 5.15 基本インタフェース

通信モード チャネルタイプ	回線交換	パケット交換	信号
B	○	○	
D		○	○

者は，同一回線を両方向に同時に使用し，**エコーキャンセラ**（echo canceller）により混信を除去する。

一方，1次群速度インタフェースでは，同軸ケーブル，光ファイバを用いた高速な通信ができるよう，図 5.16 のように23 B+D または24 B+D のチャネル構造を持つ。ディジタル PBX（private branch exchange）などに接続され，電話機，ファクシミリなどに配分される。

通信モード チャネルタイプ	回線交換	パケット交換	信号
B	○	○	
H_0	○		
H_{11}	○		
D		○	○

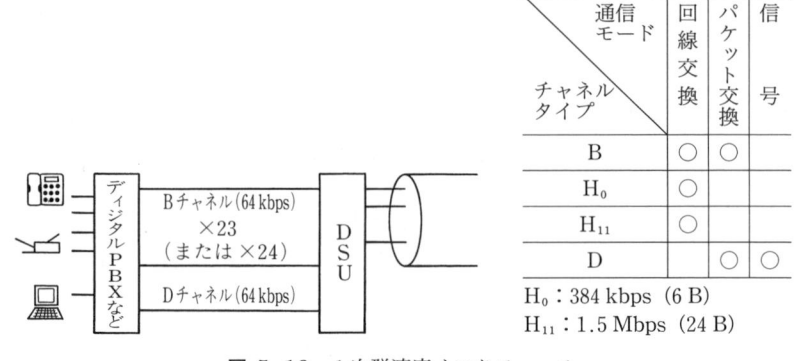

H_0 : 384 kbps (6 B)
H_{11} : 1.5 Mbps (24 B)

図 5.16 1次群速度インタフェース

5.4.2 N-ISDN のプロトコルとサービス

N-ISDN のプロトコルは，ITU-T の **I シリーズ**勧告によって，世界的な標準化が行われている。I シリーズは，T点の接続仕様であり，つぎのような規定からできている。

I.100 番台：ISDN の基本的なコンセプト

I.200 シリーズ：ISDN のサービスを規定
I.300 シリーズ：サービスを提供するためのネットワーク機能を規定
I.400 シリーズ：ユーザネットワークのインタフェースを規定
I.500 シリーズ：インターネットワークインタフェースを規定
I.600 シリーズ：メンテナンス，管理機能を規定

N-ISDN で提供されるサービスには，交換モード，伝達速度，通信形態，アクセス形式などを選択し，入出力端間のディジタル情報を伝達するだけの**ベアラサービス**（bearer service）と，電話，ファクシミリ，ビデオテックスなどのユーザへの最終機能を提供する**テレサービス**（telecommunication service）がある。このとき，D チャネルを使った制御が重要である。この制御信号に，HDLC 手順と同様のフレーム形式の信号を使い，LAPD（link access procedure on the D-channel）と呼ばれている。発信者番号表示機能や内線番号直接アクセス DDI（direct dial-in）などの，付加サービスが提供されている。

N-ISDN はパケット交換にも利用できるが，この標準プロトコルである X.25は使われない。これは，品質の悪いネットワークでも使えるように考えられた X.25 の制御手順では，N-ISDN のような高品質のネットワークでは不必要な処理まで行うことになり，伝送効率が下がり遅延が生じるからである。このため，**フレームリレー**（frame relay）と呼ばれる簡易プロトコルが採用されている。フレームリレーは，細かな制御を省略し誤りがあれば端末間で再送信する。これによって，スループット性能と伝送遅延時間特性を大幅に改善し，実効伝送速度 2 Mbps 程度までの転送を可能となっている。これを使ったベアラサービスを **FMBS**（frame mode bearer service）という。

5.4.3 N-ISDN の発展

N-ISDN の普及により，ユーザ側と通信回線提供側との両方に大きなメリットを与えた。さらに，N-ISDN で使われている技術は，集積回路技術・信号処理技術・光ファイバ技術・ネットワーク構築技術など多岐にわたり，多く

の技術の波及効果を生じている。しかし，LAN間通信・超高速演算処理データの通信・動画像通信（カラーテレビや電話）では，N-ISDNの扱える容量

コーヒーブレイク

光ファイバ

　光ファイバは，通信分野で重要な地位を占めています。これは，"光"を使った通信の特徴である高速性＝広帯域性を，経済的かつ安全に実現できるからです。例えば，電話15万回線に相当する10Gbpsで1km伝送しても0.8％以下の損失しか発生しない光ファイバが作られています。直径125μmと細いうえに，1kmで30g以下と軽くてまた，柔らかくて敷設も容易です。"光"は電磁誘導に対して強く，電力線といっしょにしたり密集して敷設しても問題ありません。雷害に強く，自身から火花を出すことがないので，安全性の高い通信を行えます。こうした特徴から，光ファイバを各家庭まで引き込もうというFTTH（fiber to the home）が始まっているのです。

　現在使われている光ファイバには，ファイバ中を単一モードの光が進む単一モード（single mode：SM）と，複数のモードが進むマルチモードがあります（図）。SM形のほうが長距離・大容量伝送に適しています。一方，マルチモードファイバには，同じ屈折率の径の大きいコアを使うSI（step index）形と，屈折率を連続的に変えて伝搬時間を均一化したGI（graded index）形とがありますが，GI形のほうが高速伝送に適しています。このような違いを知っておくとよいでしょう。

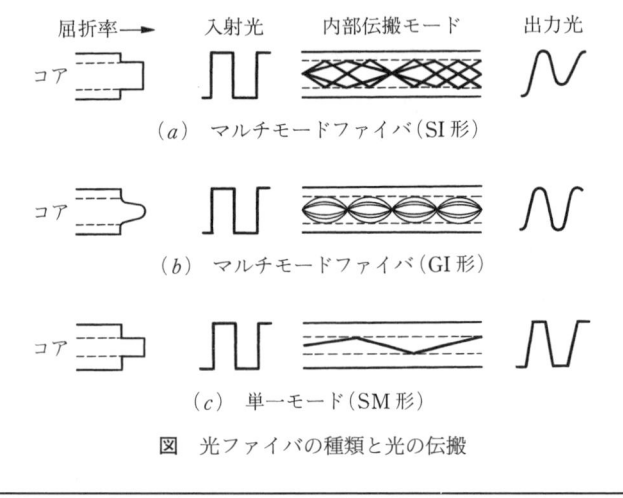

　　　　屈折率→　　入射光　　内部伝搬モード　　出力光
　コア
　　　　　　　(a)　マルチモードファイバ（SI形）

　コア
　　　　　　　(b)　マルチモードファイバ（GI形）

　コア
　　　　　　　(c)　単一モード（SM形）

　　　　　図　光ファイバの種類と光の伝搬

では不足する状態となる。そこで，高速・高機能なマルチメディア通信の需要に対応するため，1次群速度以上の伝送速度を持つ通信システムとしてB-ISDN (broadband ISDN) が検討されている。これに関しては，**10**章で扱う。

演 習 問 題

【1】 各自で適当な8ビットの情報を考え，マンチェスタ符号，差分マンチェスタ符号，ミラー符号に変換せよ。

【2】 身近な情報ネットワークで，どのような伝送メディアが使われているかを調査せよ。

【3】 回線交換方式と蓄積交換方式とを比較せよ。

【4】 物流における"宅配便"の仕組みと情報通信の交換方式と比較して，宅配便の成功した理由を考察せよ。

【5】 パケット交換方式におけるデータグラム形式とバーチャルサーキット形式とを比較せよ。

【6】 ISDNを実現するための技術を述べよ。

6

ネットワークアーキテクチャ

　各種の機器を接続してコンピュータネットワークを実現するには，どのような形態で，なにを使って相互接続するか，その上にどのような信号をどのように乗せるのか，どのようなネットワーク機器があるかなどの，多くのことを考慮しなければならない．このようなコンピュータネットワークのモデル化とプロトコルを，**ネットワークアーキテクチャ**（network architecture）と呼ぶ．本章では，高速・高信頼性・高効率なネットワークを実現するための基本となるネットワークアーキテクチャを述べる．

6.1　ネットワークアーキテクチャ

　多様なデータ通信やコンピュータ間通信が広く普及し，情報通信ネットワークの高度化と広域化が進んでいる．企業内，キャンパス内といった限定された構内の LAN が，より広域の MAN（metropolitan area network）につながり，さらに電話網・専用回線などを巻き込んだ広域ネットワーク WAN へと広がっている．コンピュータネットワークの広がりにつれて，社会生活にも大きな影響を与えている．例えば，時間的・地理的制約を超えて個人レベルで情報を交換し合えるインターネット，多くのコンピュータや周辺機器を統合して効率よく機能するようにしたシステムインテグレーション（system integration：SI），設計，製造，資材の受発注，生産管理，工程管理といった生産環境をコンピュータで統合した CIM（computer integrated manufacturing）など，ネットワークにより統合化された種々のシステムが出現している．

　このような統合化のためには，これまで使っていた情報機器をネットワーク

に接続したり，すでに構築済みの情報ネットワークを拡張することになる．このとき，コンピュータ・各種端末から通信制御系までのネットワーク全体の通信プロトコルを体系化しておかないと，情報機器を新たに追加できなかったり，ネットワーク同士で交信できないといったことが起こる．ネットワークシステムを特定のモデルで表し通信プロトコルを体系化したものを，**ネットワークアーキテクチャ**という．

 1 章で述べたように，ネットワークアーキテクチャを意識した最初の本格的な大規模コンピュータネットワークは，1969 年から運用を始めた ARPANET である．米国国防総省の高等研究計画局（Advanced Research Projects Agency：ARPA）の助成のもとに，研究機関をつないだ実験網として構築され ARPANET は，インターネットの基盤技術を生み出した．その後

　IBM 社の SNA（System Network Architecture）

　DEC（Digital Equipment Corporation）社の DECNET

といった，コンピュータメーカが自社製品の接続を行うためのアーキテクチャを開発した．

 しかし，情報ネットワークの発展のためには，異機種コンピュータを結合できる共通のネットワークアーキテクチャを確立する必要がある．このため，国際的な標準プロトコルを定めることが望まれていた．国際標準化機構 **ISO**（International Organization for Standardization）と ITU-T とは，標準的なネットワークアーキテクチャである **OSI**（open systems interconnection，開放形システム間相互接続）**参照モデル**と具体的なプロトコルを策定している．

 OSI 参照モデル（ISO 7498 と X.200）の詳細や個々の通信プロトコルについては，7 章以降で取り上げる．本章は，ネットワークアーキテクチャの基本となる考え方を，ネットワークトポロジー，伝送メディア，変調方式，メディアアクセス制御，ネットワーク機器の観点から大まかに解説する．

6.2 ネットワークトポロジー

コンピュータネットワークをどのような形態で張り巡らせるかを，**トポロジー**（topology）という。図 **6.1** に示す基本的なトポロジーが使われている。

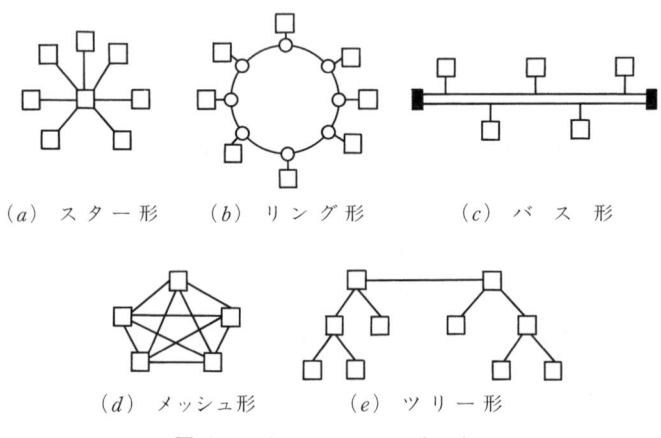

(a) スター形　(b) リング形　(c) バス形

(d) メッシュ形　(e) ツリー形

図 **6.1**　ネットワークトポロジー

〔1〕 **スター（star）形（集中形）**　スター形は，すべての通信局を中央局で接続する。このため，ネットワーク構造が単純で，各通信局が専用の伝送路を効率的に使用できる。また，局の追加や削除などは，中央局で容易に管理できる。しかし，中央局の交換制御機能を全通信局が共有するので，中央局が複雑になる。さらに，中央局が故障するとネットワーク全体が停止し，信頼性に不安があり障害に弱い。中央局の機能の範囲でしか拡張できず，融通性が低い。こうした欠点はあるものの，管理の容易さから，ディジタル PBX（private branch exchange）や広域ネットワークの基本トポロジーとして採用されている。

〔2〕 **リング（ring）形またはループ（loop）形**　リング形は，中継機能を持った通信局を順次つないで構成する。通信局に順序関係があり，この順序に従って信号を送る閉じた一方向伝送となる。したがって，信号はリングに

沿って一巡し，もとに戻ることになる．信号を巡回させているとき，通信局上で信号を再生できるため長距離の高速通信が可能となる．また，アクセス順を簡単に制御でき，回線長を短くできる．しかし，伝送路または通信局の障害によりシステム全体が停止するので信頼性に難があったり，通信局を追加するときネットワークを停止させなければならず融通性に欠ける．また，リング内を通過している信号を，なんらかの方法で取り除かなければならない．伝送時の遅延時間を見積もることができるので，リアルタイム処理向きのLANで採用されている．

〔3〕 **バス (bus) 形**　バス形では，通信局を共通の伝送メディア（一般に，同軸ケーブル）に接続する．通信局に必要とされる機能が単純でありながら，双方向伝送を簡単に実現できる．通信局を追加するときネットワークを停止させる必要がなく，融通性・拡張性が高い．さらに，制御は各通信局に分散しており，通信局が故障してもネットワーク全体に影響を及ぼすことがなく，高い信頼性を有する．しかし，情報がネットワーク全体に伝わり，盗聴や通信妨害に弱い．また，伝送路を共有しているため，通信時間がトラフィックに依存して不定となる．柔軟性・融通性に富むため，比較的小規模なシステムで広く採用されている．

〔4〕 **メッシュ (mesh) 形**　メッシュ形は，各通信局が通信制御機能を持ち，少なくとも他の二つの通信局とつながっている．このため，通信局に障害が発生しても全体に影響を与えず，回線の障害も迂回ルートにより復旧可能である．したがって，きわめて信頼性の高い方式である．しかし，大量の伝送路が必要で高価になるため，特に信頼性の必要とされる交換局間の接続などに採用される．

〔5〕 **ツリー (tree) 形**　ツリー形では，各通信局を階層的に接続する．特別なプロトコルを使用して任意の通信局をブロック化したり，ネットワーク内の通信局を分離するなど，非常に自由度の高いネットワークを構成できる．特にネットワーク規模が大きい場合に，必要とする機能のみを実現すればよく，経済的である．広域の公衆通信事業者の敷設するネットワークは，このよ

うな構成になっている。

〔**6**〕 **改良形トポロジー**　上で述べたトポロジーをそのままの形で使うこともあるが，欠点を補うような改良を加えていることもある。代表的なものを示す。

1） バス形を変形したU状バス　本来のバス形では，単一伝送路を使った双方向伝送を行う。しかし，ブロードバンド方式のバス形ネットワークでは，伝送時の減衰を補償するため信号を増幅する必要がある。これを効率的に行うために，伝送路の中間に制御と信号増幅を行う**ヘッドエンド**（headend）を置き，一方向伝送とするU状バスが作られている。各通信局は，入力専用と出力専用の二つの伝送路で接続する。都市形の双方向CATVなどで採用されている。

2） スター接続でバス形を実現するスター状バス　光ファイバのような一方向伝送路において，バス形ネットワークを論理的に構成するものである。中央に**スターカップラ**（star-cuppler）を設置し，すべての通信局をスター状に接続する。ここで各通信局間に1対1の入出力回線を確立できるので，どの通信局の信号でも任意の通信局に伝送でき，バス形と等価な機能を実現している。

3） リング形の改善方式　リング形の欠点に，伝送路や通信局の障害によるネットワーク全体の停止がある。これを防ぐには，伝送路の二重化が必要である。このための二つの方式を述べる。

スター状リング（star-shaped ring）**形**では，各通信局を中央局＝集線装置（wiring concentrator）と入力用および出力用との二重回線で接続する。障害の発生したときは，集線装置のポートにおいて，外部を切断し内部で接続することにより障害部分を切り放すことができる。見掛け上はスター形だが，結線はリング形ネットワークを構成している。

一方，**二重リング**（double ring）**形**では，文字通りリングを二重化し，内側と外側のリングの信号を逆方向に伝送する。通信局などに障害が発生したとき，その両側の通信局において内と外のリングをショートすることで，障害部

を迂回する。

6.3　伝送メディア

　ネットワークを構成する通信局を接続し，情報を伝送する媒体を伝送メディア（transmission media）という。どのような種類があるかは，すでに 5.1.1 項で述べたので，ここではおもにトポロジーとの関連と用途を説明する。
　ツイストペア線（より対線）と光ファイバは，線の途中で新たな接続点を設けることが困難で，バス形のトポロジーには使えない。バス形は，同軸ケーブルを使って敷設する。スター形やリング形のトポロジーでは，一度敷設されると変更されることが少なく，伝送メディアによる制約を受けない。
　光ファイバは，数十 Gbps で数百 km という最も高速・遠距離の伝送を行うことができ，電磁ノイズの影響を受けないことと相まって，基幹系ネットワークから LAN まで利用が広がっている。ツイストペア線は，速度・距離ともに光ファイバより劣りノイズに弱いものの，簡単に安く配線できるため末端でよく使われる。同軸ケーブルは，太く強い配線材であるが，高価で配線がやりにくい。このため利用は，環境の悪いところや分岐接続の必要なところに限定される。
　空間を伝送メディアとする無線通信では，マイクロ波や近赤外線などの直進性の強い電波を使用している。これは，スター形のトポロジーである。より大規模な無線通信系として，通信衛星を使ったものもあるが，コンピュータネットワークから直接見えることはまれである。

6.4　変　調　方　式

　伝送すべき信号を，伝送メディアに適した送信用の信号に変換する操作を**変調方式**（modulation system）という。5.1.1 項で述べたように，ディジタル信号をそのまま送るベースバンド方式と，変調をかけたアナログ信号を送る

ブロードバンド方式がある．コンピュータネットワークでは，周波数分割多重操作の必要なブロードバンド方式より，ベースバンド方式のほうが好まれる．

6.5 メディアアクセス制御

ネットワークでは，単一伝送メディアをすべての機器で共有しながら伝送を行う多元放送形の伝送路となっている．このため，どのタイミングでアクセスすればよいかという送信権を制御しなければならない．これを**メディアアクセス制御方式**（media access control system：MAC）といい，ネットワークアーキテクチャの中で最も重要なものの一つである．MACは送信権を制御するものであり，つぎの方式に大別できる．

① 伝送路の時間軸をあらかじめスロットに分割しておき，通信局に固定的に割り振る **TDMA**（time division multiple access）**方式**

② ユーザの要求に応じて送信権を配分する**デマンド配分**（demand assignment）**方式**

さらに，デマンド配分方式は，

②-1 伝送に先立ってあらかじめ予約しておく**予約制御**（reservation control）**方式**

②-2 **トークン**（token）と呼ばれる送信権を設定し，トークンを巡回させてこれを得た通信局が送信権を得る**トークン制御**（token control）**方式**

②-3 送信したい通信局がランダムに送信を行う**ランダムアクセス**（randam access）**方式**

に分類できる．このうち，ランダムアクセス方式は種類が多く，伝送路の情報を使わない**アロハ方式**（ALOHA channel），直前の伝送路情報を使う **CSMA**（carrier sense multiple access）**方式**，CSMA に加えて伝送中の情報も使う **CSMA/CD**（carrier sense multiple access with collision detect）**方式**が代表的である．

ここでは，TDMA方式と，トークン制御方式，およびランダムアクセス方

6.5 メディアアクセス制御

式からCSMA/CD方式の，代表的な三つの方式の概要を述べる。

6.5.1 TDMA方式

伝送メディアを一定ビット長のスロットに分割し，各通信局にスロットの使用権を与えることで，同期的な伝送を行う回線交換方式の一種である。タイムスロットの割当て方により，あらかじめ決められた特定チャネルで行う**プリアサイン**（pre-assignment）**方式**（図 6.2）と，その都度行う**デマンドアサイン**（demand assignment）**方式**とがある。プリアサイン方式は制御が簡単で，公平性や遅延時間特性の安定性が保証される。しかし，バースト的トラフィックでは，効率や遅延時間特性が劣るので，トラフィックの多い広域ネットワークやディジタル移動体通信に適する方式である。

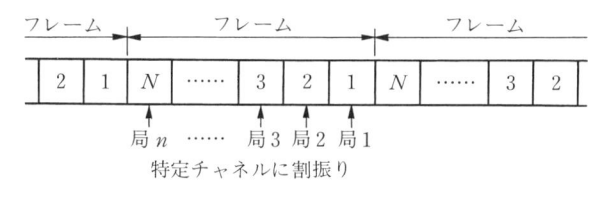

図 6.2 TDMA方式（プリアサイン方式）

6.5.2 トークン制御方式

ネットワーク内にトークンと呼ばれる制御信号を巡回させ，トークンを得た通信局が伝送メディアに対する送信権を得る方式である。送信要求を有する通信局は，トークンを得るまで伝送を保留しており，トークンを得たら伝送する。伝送が終われば，トークンをつぎの通信局に渡す。このように，非競合形アクセス方式で伝送権がシリアルに移行していくので，高いトラフィック時でも伝送効率が良い。さらに，伝送遅延時間の最大値を見積もり可能である。

ネットワークトポロジーにより

① リング形のシリアルな伝送路に適用し，トークンの循環が容易な**トークンリング**（token ring）

② バス形で信号が双方向に伝わる伝送路に適用し，ネットワーク内に論理的なリングを構成してトークンを巡回させる**トークンバス**（token bus）の二つがある。

1） トークンリング方式（図 6.3）　　トークンは，たかだか 24 ビット程度の情報ブロックであり，使われていない**フリートークン**（free-token）と，伝送を行う通信局が獲得した**ビジートークン**（busy-token）とがある。このとき，ビジートークンをどのように解放するかが重要である。

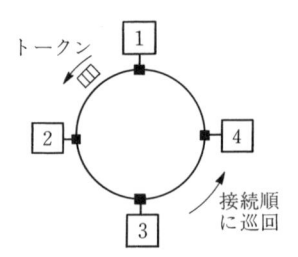

図 6.3　トークンリング方式

フリー/ビジーを問わずトークンが 1 個だけ存在する**シングルトークン**（single-token）**形式**の場合，フレーム先頭のビジートークンがリングを 1 周して送信局に戻ってきた時点で伝送を完了させる。伝送効率が多少悪いが，トークンの管理が容易で，トークンを通信局内で処理（**オンザフライ**（on-the-fly）**処理**という）でき高速である。現実の標準規格である IEEE 802.5 や FDDI（fiber distributed data interface）に採用されており，これらは 8 章で詳しく述べる。

伝送効率を上げるために，フリートークンはたかだか 1 個だが，複数のビジートークンが同時に存在できる**マルチトークン**（multi-token）**形式**もある。トークン保有局の送信完了で伝送が完了したとして，ただちにフリートークンを解放する。この方式は，長いリング長（伝搬時間）で高速な通信速度のとき伝送効率が上がる。しかし，トークン処理のオーバヘッドが大きく，管理が難しくなる。また，リング上の情報を除去する方法が問題で，情報の送信局が除去する**送信局除去**（source removal）が一般的である。

2） トークンバス方式（図 6.4）　　バス形では，位置による順序関係が

図 6.4 トークンバス方式

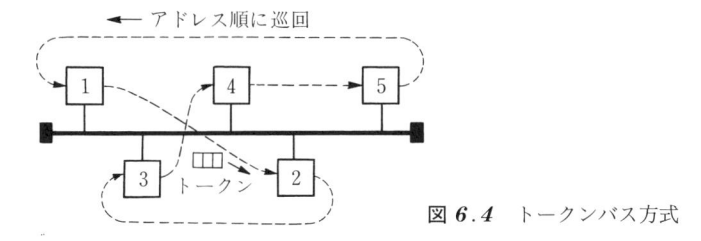

なくネットワークが閉じていない。このため，通信局のアドレスの大小で順序付けして，論理的なリング構造を導入する。したがって，トークンは，発信/受信局のアドレスを含む制御フレームとなる。送信要求を有する通信局は，自局を指定したトークンを得るまで待機しており，トークンを得たら許された時間内だけ伝送可能となる。一定時間経過すると，次局を指定したトークンを伝送し，トークン待機状態へ入る。このままだと，むだな時間が生じて効率が悪いので，**時間トークン制御**（time token control）による伝送優先権の制御を行う。トラフィックが大きいと，**トークン周回時間**（token rotation time：TRT）が長くなるので，このときは優先度の低い通信局には伝送を許さない。この制御を動的に行うことで，効率を上げている。

　トークンバスをトークンリングと比較すると，通信局の追加・削除が容易で融通性が高く信頼性が高いというバス形の特長を，トークンによるアクセス制御の利点とを組み合わせたものといえる。また，トークン占有時間が長いので制御がやりやすく，情報除去の制御がいらない。しかし，送受信アドレスを含む分だけトークンが長くなり，トークンが届いたかどうかを確認しなければならない。後述（*8*章）のIEEE 802.4で標準化され**MAP**（manufacturing automation protocol）に採用されている。

6.5.3　CSMA/CD方式

衝突検出付き搬送波検知多重アクセスとも呼ばれ，Ethernetの制御方式である。比較的簡単な制御手順で良好な通信性能を得ることができ，LANの代表的な方式となっている。送信したい通信局が，以下に示すような手順で自律

的にフレームを伝送メディアに送信できる（**図 6.5**）。
① キャリア検出機能により伝送メディアをモニタし，他の局が送信していなければ目的局に向けて送信する。
② フレーム送信に続いて，ほぼ同時に他の局が送信したことによるフレーム衝突を監視する。
③ フレーム衝突を検出すると，ただちに送信を停止し，伝送メディアを無効とする**ジャム**（jam）**信号**を一定時間送信する。
④ **バックオフ**（back-off）**状態**に入り，ランダムな時間待って①に戻り再送する。

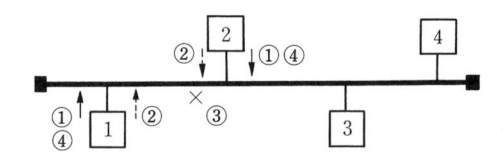

① 他局が送信していなければ送信　③ 衝突が起こればジャム信号送信
② フレーム衝突の監視　　　　　　④ ランダムな時間待って再送

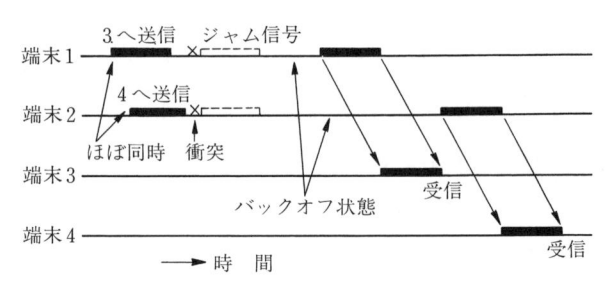

図 6.5 CSMA/CD 方式

CSMA/CD 方式の良い点は，トラフィック負荷が比較的軽い場合，小さな遅延時間で効率的に伝送できることである。しかし，負荷が通信容量の数十％以上になると，フレーム衝突が頻発し通信性能が大幅に低下する。このように，トラフィック負荷によって伝送時間が大幅に変化するので，フレーム転送が完了する時間を予測できない。したがって，リアルタイム制御には使えないが，遅延時間の制約の緩い分散処理環境の LAN で，最も普及している方式の

一つである。具体的な規格を 8 章で述べる。

6.6　ネットワーク装置

コンピュータネットワークには，いろいろな装置が接続される。これを論理的な構成として見ると，図 6.6 のように表すことができる。**ステーション**(station) または**エンドノード**(end-node) は，各種のコンピュータ（ワークステーション，パソコン，メインフレーム）・電話機などの最終的な処理を行うシステムであり，人間やアプリケーションを含む総体的機能を意味することもある。ステーションは，交換機に代表される通信装置の**ノード**（node）につながり，ノードは，伝送路または通信回線である**リンク**（link）で相互に接続される。

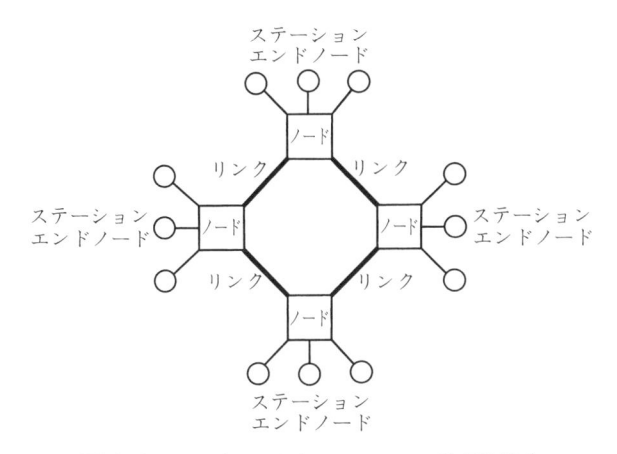

図 6.6　コンピュータネットワークの論理的構成

図 6.6 は論理的な構成であり，実際のシステムでは，ここに表しにくい各種のネットワーク装置も存在する。ここでは，ネットワークの中継機器・通信機器を説明する。以下に述べる機器のうち，リピータとブリッジは狭義のノードには含まれない。

〔1〕 **リピータ**（**repeater**）　　物理的につながっていなかったり，距離的

に離れたサブネットワークを接続するためのシステムである。ビットレベルの信号を扱い，フレームの認識はしないので，プロトコル透過である。単純にネットワークの物理的距離を延長するための機器である。[物理層での接続である。]†

〔2〕 **ブリッジ（bridge）** 同じプロトコル同士のネットワークを接続するシステムであり，メディアアクセス制御（MAC）層までのプロトコルは変換する。フレームを受信すると送信アドレスを認識して中継するので，不要な通信パケットを通さない**フィルタリング**（filtering）と，必要なパケットのみを通過させる**フォワーディング**（forwarding）を実行する。リピータと違って，通信トラフィックの高い LAN を接続して，不要な信号を流さないようにできる。[ネットワーク層以上のプロトコルの透過性をもつ。]

〔3〕 **ルータ（router）** 通信路を選択する**経路制御**（routing）や通信相手を決める**交換制御**（addressing）までを認識するので，プロトコル定義に基づいたパケットの中継・交換を行うシステムである。特定プロトコルの通過機能により，プロトコルの同じパケットのみを通すこともできるので，WAN によって複数の LAN を接続するような，異種ネットワークを接続するときに使う。[トランスポート層以上の透過性をもつ。]

〔4〕 **ゲートウェイ（gateway）** プロトコル変換，アドレス変換を行い，ネットワーク間接続を行う中継システムである。伝送メディアやネットワークアーキテクチャが異なっていても接続できるので，LAN と WAN の中継システムをこう呼ぶことが多い。[7層すべてのプロトコル変換を行える。]

〔5〕 **ハブ（hub）とスイッチ（switch）** 身近で使われているネットワーク機器に，ハブとスイッチがある。これらの機器の動作を，上記の分類から説明する。ハブはマルチポートリピータとも呼ばれ，〔1〕リピータに分類される。複数の送受信ポートを持ち，受信した信号を整形してすべてのポートに送り出すので，ハブにつながった機器間で通信可能な信号中継器である。これ

---

† このように [ ] 付きで示しているのは，7章で述べる OSI 参照モデルの階層化の考え方を使った説明である。

に対してスイッチは，イーサネットスイッチ（Ethernet switch）とかスイッチングハブ（switching hub）と呼ばれる。ハブと同様に電気信号の増幅と波

── コーヒーブレイク ──

クライアント-サーバ

　コンピュータネットワークを使って仕事をするとき，ある場所からやりたいことを依頼し，別の場所で処理した結果が返ってくる場合があります。このような処理の仕方を，クライアント-サーバモデルと呼んでいます。**クライアント**（client）とは依頼人のことで，仕事を頼む側です。依頼を受けて処理するのが，奉仕人である**サーバ**（server）です。つまり，仕事を頼む側と処理する側に分けて扱うもので，分散処理の代表的な形態です。

　例えば，インターネットで重要な WWW（**9.5** 節参照）において，WWW ホームページを見る場合を考えます。私たちは WWW ブラウザから望む場所を呼び出して，必要な情報を送ってもらいます。このとき，WWW ブラウザがクライアントであり，依頼を受けて情報を送り出すのが WWW サーバです。ブラウザ（クライアント）は世界中のサーバに対して，情報の転送を自由に頼める仕組みができ上がっています。

　また，クライアント-サーバモデルの有名なものに，X Window System があります。これは，オペレーティングシステム UNIX の事実上の標準となっているウィンドウシステムです。この場合は，人間とのインタフェースを仕事と考えており，キーボード，マウス，ディスプレイの管理を行う側が X サーバで，コンピュータ内部のプログラムがクライアントです。人間の操作している側が"サーバ"となるので，注意が必要です。どんな仕事をモデル化するかがわかれば理解できます。

　最後に，役割が固定されたクライアント-サーバモデルに対して，対等な役割で処理を進める **P2P**（peer to peer）に触れます。1対1通信というネットワーク接続の基本原理に基づく技術で，広範に分散したデータを検索し転送するためや，多数の機器が自律的にネットワークを構成するためなど，新たなネットワークの基盤技術として重要性を増しています。しかし，不用意に公開したり使い方を誤ると，違法ファイルのコピーに使われ著作権侵害を助長したり，個人情報を勝手に流出させるのに関わったりと，Ｐ２Ｐ技術が社会的な問題を引き起こしています。技術者は，技術の持つよい面と悪い面を客観的に判断し，不正な使い方ができないようなシステム作りに心がけるとともに，社会に広く知らせるという責任をもっています。

形整形を行うだけでなく，MACアドレスによるフィルタリングとフォワーディングという〔2〕ブリッジの機能を持つ。このため，余分な信号を流さないので帯域の効率的な利用が可能で，速度の異なるネットワーク間の接続も行える。また，送受信間のポートしか信号が流れないので，ネットワークセキュリティが向上する。

演 習 問 題

【1】 ネットワークアーキテクチャで考慮すべき要素をあげて，それぞれの意味を説明せよ。

【2】 CIM の具体的な構成例を調べてみよ。

【3】 トークンリング方式とトークンバス方式とを比較せよ。

【4】 CSMA/CD によるアクセス手順を説明せよ。

【5】 身近で使われているネットワークを調べて，どのようなネットワーク装置が使われているかを整理せよ。

7

通信プロトコル

　情報通信を行うとき，通信相手との間で**通信プロトコル**（ネットワークやインタフェース部で行われる制御手続き）を一致させなければならない。このとき，通信プロトコルの機能を階層化して独立させ，途中の機能や経路を意識させない仮想化が行われる。本章では，通信プロトコルの階層化と仮想化についての概念と，通信プロトコルの世界標準である OSI（Open Systems Interconnection）参照モデルを説明する。さらに，実用上最も広く使われている TCP/IP（Transmission Control Protocol/Internet Protocol）の全体像と，この中心となる IP アドレスを述べる。

7.1 仮想化と階層化

　情報通信ネットワークを使って情報をやりとりするとき，相手側までの通信経路や使われているプロトコルを知らないと通信できないのであれば実用的でない。われわれがネットワークを介した通信を行うとき，相手を直接呼び出しているように見える。これは，相手側までの環境の違いを吸収するための仕組みが取り入れられているからである。このように，情報の表現形式や制御機能を一定の標準形式に変換して，異なる環境であっても同じように見せることを**仮想化**（virtualization）という。仮想化を行うとき，ネットワーク全体を機能別に分割しないと適切に処理できない。必要とされるプロトコルの機能を水平に分割し，各層を独立させて扱う。このような機能分離と，各層の水平性・独立性を実現することを，プロトコルの**階層化**（hierarchy）という。階層化のためには仮想化が必要であり，階層化によって通信サービスの仮想化を実現

できる。

OSI参照モデルは，開放型システム間で相互に通信を行うため仕組みを与える。多くのシステムに適用できるよう多方面から検討され，高度に汎用化されたモデルとなっている。この中で，階層化のため機能を分離するときの基本の考え方は，つぎのようになっている。

① 上位の層が下位の層を制御し，定められた通信・制御サービスを要求する。

② 上位の層は下位の層をブラックボックスと見なし，下位の層内部の制御にかかわらない。

③ 下位の層は，自層ならびにより下位の層の機能を用いて，通信・制御サービスを提供するだけで，上位の層の制御は行わない。

このような考え方のもとに，OSI参照モデルについて，プロトコル階層の論理モデルと各階層の意味とを述べる。

7.2 プロトコル階層の論理モデル

OSI参照モデルでは，汎用性の高いモデルとするため，明確な論理構造を定めている。図 **7.1** にプロトコル階層化の論理モデルを示す。二つのシステム間で通信を行うとして，同等の機能を持つ通信機能を対応させる。この階層

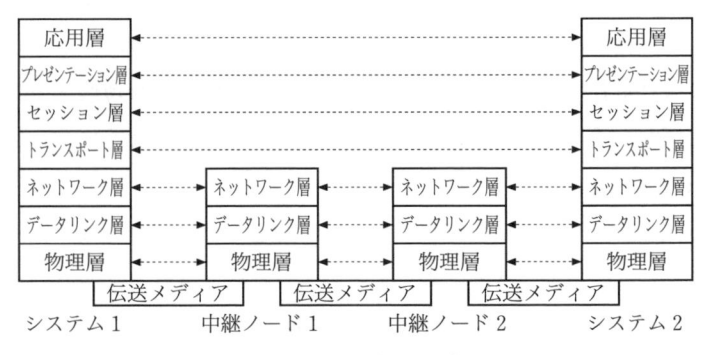

図 **7.1** プロトコル階層化の論理モデル

化された通信機能を実行するモジュールを**エンティティ**（entity）と呼ぶ。すなわち，ハードウェア/ソフトウェアの区別や，内部の構造・規模・構成形式は問わないで，定められた通信サービスを実行するための能動的な機能要素である。エンティティはプロトコルを実行する実体であって，二つ以上の層にまたがらず，同一層に一つ以上必ず存在している（図 **7.2**）。

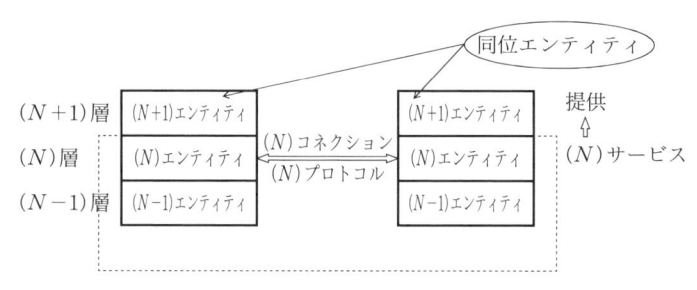

図 **7.2** 各階層の論理モデル

(N) 層の機能を表すエンティティを (N) エンティティといい，この上位層と下位層とに $(N+1)$ エンティティと $(N-1)$ エンティティがある。通信可能なシステム間に同一層のエンティティが必ず存在し，同位エンティティという。通信を行うときは，同位エンティティ同士を論理的に接続する。この論理的な通信路を (N) **コネクション**（connection）と呼ぶ。

あるエンティティは，同位エンティティと協調して，通信のためのなんらかの機能を一つ上のエンティティに提供する。これを**サービス**（service）という。(N) サービスは，(N) エンティティが $(N+1)$ エンティティに提供する機能である。サービスは，サービスアクセス点 SAP（service access point）を介して，下位層から上位層に垂直的に提供される。(N)-SAP は，$(N+1)$ エンティティが (N) サービスを利用する点である。

各層のエンティティは，単独で必要な機能を果たすことはできない。通信相手の同位エンティティと協調し，必要な情報をやりとりしながら，上位エンティティにサービスを提供する。このような同等層間（peer layer）での通信制御機能が**プロトコル**である。

ある層のプロトコルは，つぎのような処理を行う（**図7.3**）。その層のサービスのため処理すべきデータブロック単位をSDU（service data unit）といい，これに相手の同位エンティティを制御するPCI（protocol control identifier）を付加して，通信単位となるプロトコルデータ単位PDU（protocol data unit）に加工して転送する。このように，上位層のPDUを伝送情報とし，その層の制御情報をヘッダとして付加することを**カプセル化**（encapsulation）という。(N)層に注目すると，$(N+1)$-PDUと(N)-SDUは同じものであり，(N)-SDUに(N)-PCIを加えたものが，(N)-PDUであり$(N-1)$-SDUでもある。

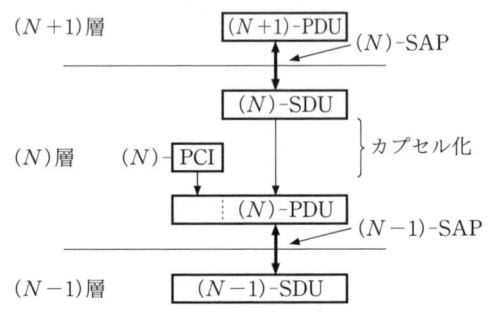

図7.3 (N)層と上下層との関係

サービスの授受は，**サービスプリミティブ**（service primitive）によって記述される。(N)エンティティと$(N+1)$エンティティのサービスプリミティブを考えると，サービスを提供する(N)エンティティが**サービスプロバイダ**（service provider）で，$(N+1)$エンティティが**サービスユーザ**（service user）である。サービスプリミティブには，**要求**（request），**指示**（indication），**応答**（response），**確認**（confirm）の四つの動作形式がある。

図7.1の二つのシステム間で通信する場合を考える。三つの層が関係するので，$(N+1)$の同位エンティティ間通信とする。**図7.4**に示すように，通信の確立要求から確立確認まで，八つの手順が必要である。

① $(N+1)$エンティティから(N)エンティティへのコネクション確立

7.2 プロトコル階層の論理モデル

```
システム1                                    システム2
┌─────────────┐                          ┌─────────────┐
│(N+1)エンティティ│                        │(N+1)エンティティ│
└─────────────┘                          └─────────────┘
 ①コネクション確立  ⑧コネクション確立    ⑤コネクション応答  ④コネクション確立
   要求             確認                                    指示
┌─────────────┐                          ┌─────────────┐
│ (N)エンティティ │                        │ (N)エンティティ │
└─────────────┘                          └─────────────┘
 ②データ転送要求  ⑦データ転送指示      ⑥データ転送要求   ③データ転送指示
┌─────────────┐      (N-1)コネクション   ┌─────────────┐
│(N-1)エンティティ│◄──────────────────►│(N-1)エンティティ│
└─────────────┘                          └─────────────┘
```

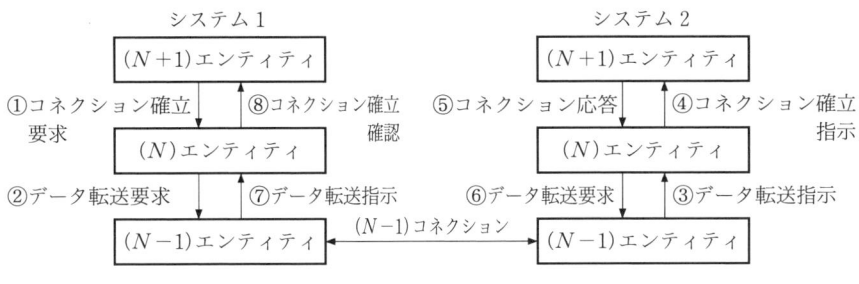

図 **7.4** コネクションの確立手順

要求

② (N) エンティティから $(N-1)$ エンティティへのデータ転送要求

③ 相手局の $(N-1)$ エンティティから (N) エンティティへのデータ転送指示

④ 相手局の (N) エンティティから $(N+1)$ エンティティへのコネクション確立指示

⑤ 相手局の $(N+1)$ エンティティから (N) エンティティへのコネクション応答

⑥ 相手局の (N) エンティティから $(N-1)$ エンティティへのデータ転送要求

⑦ $(N-1)$ エンティティから (N) エンティティへのデータ転送指示

⑧ (N) エンティティから $(N+1)$ エンティティへのコネクション確立確認

このようなコネクションの確立は，**コネクション指向形**（connection oriented type）と**コネクションレス形**（connectionless type）との，いずれかで行われる（**7.3.1**項のトランスポート層を参照）。

コネクションにおいて，上位層と下位層の対応関係に三つの種類がある。単純なのは (N) 層と $(N-1)$ 層が1対1で対応する場合であるが，上位層と下位層との容量が異なる場合もある。(N) 層より $(N-1)$ 層の容量が大きい場合は，複数の (N) 層をまとめることができて**多重化**という。逆に $(N$

−1) 層より (N) 層が大きい場合は，情報が分かれていくので**分流**という．

7.3 OSI 参照モデル

OSI 参照モデルは汎用かつ厳密なモデルであり，どのような通信システムにも適用できるよう，図 7.5 に示す七つの層 (layer) に階層化している．

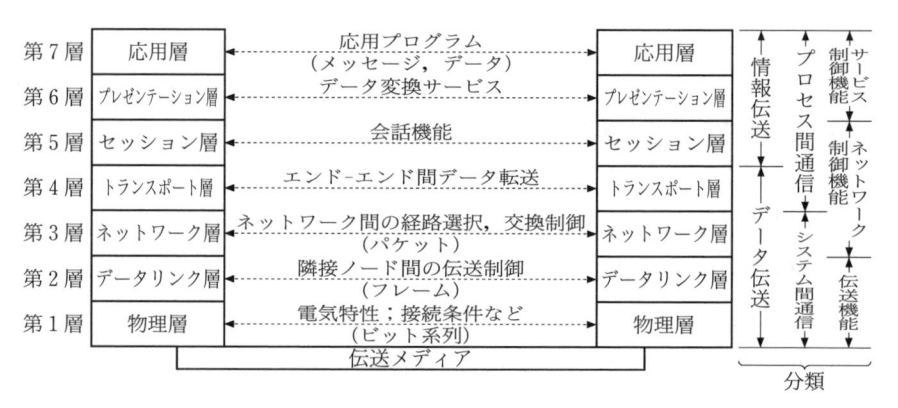

第7層	応用層	←応用プログラム→ (メッセージ，データ)	応用層	
第6層	プレゼンテーション層	←データ変換サービス→	プレゼンテーション層	
第5層	セッション層	←会話機能→	セッション層	
第4層	トランスポート層	←エンド-エンド間データ転送→	トランスポート層	
第3層	ネットワーク層	←ネットワーク間の経路選択，交換制御→ (パケット)	ネットワーク層	
第2層	データリンク層	←隣接ノード間の伝送制御→ (フレーム)	データリンク層	
第1層	物理層	←電気特性：接続条件など→ (ビット系列)	物理層	
		伝送メディア		

情報伝送 / データ伝送 ； プロセス間通信 / システム間通信 ； サービス制御機能 / 制御機能 / 伝送機能 ； ネットワーク ； 分類

図 7.5 OSI 参照モデルの 7 階層

7.3.1 各層の意味

OSI 参照モデルにおける各層の意味は，つぎのようになっている．

1) **第1層：物理層** (physical layer)　伝送メディアを通してビット系列を装置間でやりとりするための規則やインタフェースを定める．通信ケーブル・コネクタの電気特性やピン構成，電気的・機械的・物理的な接続条件などの規格からなる．DTE と DCE を接続する RS-232 C，X.25 ネットワークにおける X.21 などが代表的なものである．

2) **第2層：データリンク層** (data link layer)　隣接するノード間またはノードと端末間で，リンク設定やデータ制御などの手続きと手順を定める．この層によって，対向する 2 点間の通信リンクにおける正確で高速・効率的なデータ転送を実現する．具体的な機能はつぎのとおりである．

- データリンクコネクションの設定，維持，開放
- 情報のフレーム化
- フレーム伝送順序の決定
- フレームの伝送確認とフロー制御
- 伝送誤りの検出と修復（再送）

5章で述べた HDLC 手順や X.25 フレームレベル，8章で詳しく述べる LLC（logical link control）や MAC が代表的なプロトコルである。

3）**第3層：ネットワーク層**（network layer）　複数の異なる通信ネットワークを通して情報伝送経路を提供するための制御を定める。通信路の**経路選択**（routing）や通信相手を選択する**交換制御**（addressing）などを行い，正確で高速なデータ転送制御を実現する。パケット交換における X.25 のパケットレベルや，7.4節で詳しく述べる IP（Internet protocol）が代表的なプロトコルである。

4）**第4層：トランスポート層**（transport layer）　通信ネットワークの転送性能が異なっていても，エンド-エンド間のデータ転送に必要な信頼性の高い通信を実現するために，透過的な通信コネクションの制御を定める。このため，データの組立てと分解，二重データや紛失データの検出と回復，フロー制御や順序制御の保障などを行う。

OSI では，コネクション指向形トランスポートサービス **COTS**（connection-oriented transport service）とコネクションレス形トランスポートサービス **CLTS**（connectionless transport service）という，二つのサービスを提供する。COTS では，データ転送に先立ってコネクションの設定を行い，コネクション識別子を用いてデータを転送し，データ転送完了後に設定を解除する。5章で述べたパケット交換におけるバーチャルサーキットを一般化したものである。一方，CLTS では，事前にコネクションを確立することなく，アドレスや制御用パラメータを含めたデータユニットを構成して転送する。したがって，到達順や送達の保証がない。パケット交換におけるデータグラム形式に対応している。

また，三つのネットワークコネクションタイプ，五つのトランスポートプロトコルクラスが定められている。プロトコルクラスは，COTS で使用するもので，つぎのように分類されている。

クラス 0：多重化・誤り制御を行わない単純なクラス
クラス 1：誤り回復を行うクラス
クラス 2：多重化を行うクラス
クラス 3：誤り回復と多重化を行うクラス
クラス 4：誤り検出・回復を行うクラス

5) 第5層：セッション層（session layer） 上位層に対して，情報送受の確認を行う会話機能を提供する。すなわち，対向するプレゼンテーション層の二つのエンティティ間において，セッションの確立・維持・切断を管理する。半二重・全二重のような通信モードの管理，ネットワーク障害を復旧するためのチェック機構などのサービスを提供する。

6) 第6層：プレゼンテーション層（presentation layer） 上位の応用プログラムや端末プログラムに対して，データ変換サービスを提供する。例えば，コードやキャラクタ変換機能，データのフォーマットやレイアウトの変換機能，画像などの圧縮機能，データセキュリティのための暗号化・復号化機能などのサービスを提供する層である。

7) 第7層：応用層（application layer） OSI 環境を利用する応用プログラムを提供する層である。多くの情報処理システムに共通した業務や機能を規格化し提供している。例えば，ファイル転送，ジョブ転送，仮想端末，データベースアクセス，トランザクション処理，**電子メール**（message handling system：MHS）などのユーザ業務をあげることができる。

7.3.2 各層の分類

上で述べた7層（図 *7.5*）を三つの見方で分類する。

一つは，意味を持った情報として扱うか単なるデータとして扱うかの違いで，セッション層（第5層）とトランスポート層（第4層）で分かれる。第5

層以上は，意味を持つ情報をやりとりして，ユーザ間の会話を論理的に支援する会話制御プロトコル系である．これに対して，第4層以下は，通信チャネルを通して円滑で高品質なデータ伝送を支援する通信制御プロトコル系である．

二つ目は，システム間通信とプロセス間通信との違いである．前者はコンピュータ間で正しい通信を実現するための機能で，ネットワーク層（第3層）以下が担当する．後者はシステム内部で扱う業務同士の通信で，トランスポート層（第4層）以上が該当する．

最後は，提供する機能から三つの機能層に分けることができる．第1層と第2層は，伝送システムや伝送モジュールのような伝送メディアが提供する伝送機能である．この上に，エンド-エンドの通信経路を提供するネットワーク制御機能があり，第3層から第5層が提供する．最後に，第6層と第7層は通信端末においておもにソフトウェアで実現される機能であり，ユーザ指向のサービス制御機能となっている．

7.3.3　OSI 参照モデルの意義

OSI 参照モデルに基づいた通信システムを実現するためには，7層を完全に独立なモジュールとして扱うことになる．OSI 準拠プロトコルとして，コンピュータネットワーク接続の実証実験である OSINET，技術研究・開発・製造におけるコンピュータネットワークの OSI 準拠の標準プロトコルを目標とした **MAP** (manufacturing automation protocol) と **TOP** (technical office protocol) がある．しかし，厳密なモデルのため，冗長性が高く制御が重くなる．このため，プロトコルを保障しながら，機能の類似した複数の層をまとめる最適化が必要である．

現実の情報通信のすべてのシステムが，OSI 参照モデルに従って作られているわけではない．新しいシステムを設計するときや，既存システムの問題点を検討するときなどに，機器構成を OSI 参照モデルに対応させて考えることで，通信システム標準化の指標となっている点に大きな意義があるといえる．

7.4 TCP/IP

TCP/IP は，ITU-T や OSI で作られた国際規格ではないにもかかわらず，世界レベルで広く普及した事実上の標準プロトコル (de-fact-standard protocol) となっている。狭義には TCP と IP というプロトコルを意味するが，広義にはインターネット（詳しくは 8 章参照）で用いられるプロトコルの集合（**インターネットプロトコルスイート** (Internet protocol suite)) を指す言葉としても使われる。

TCP/IP は，ARPANET (*1.6* 節および *8.3* 節参照) のプロトコルとして開発された。その後，DARPA (Defense Advanced Research Project Agency) がネットワークアーキテクチャを加えて体系化し，標準プロトコルとして採用した。広く普及したのは，**UNIX 4.2 BSD** (Berkeley Software Distribution) に組み入れられてからで，学術機関を中心にコンピュータネットワークの中心プロトコルとなっていった。その後，ネットワーク同士が接続されインターネットとへと発展したときも，接続プロトコルとして採用されたため，TCP/IP を使ったネットワークの規模を加速度的に増やしている。TCP/IP が普及したのは，プロトコルの策定が **RFC** (request for comments) という自由な議論方法のもとで行われ無料で自由に使えることや，ネットワーク規模や性能に依存しない柔軟性などによる。

7.4.1 TCP/IP の階層化構造

図 *7.6* に，TCP/IP と OSI 参照モデルとの対比を示す。TCP/IP は OSI 参照モデル策定以前にユーザ主導で開発されたため，OSI 参照モデルほど厳密に階層化されておらず，完全な整合性もない。TCP/IP は，以下に示す 4 層に分けることができる。

1) **個別ネットワークプロトコル層**　　OSI 参照モデルの第 1 層と第 2 層に相当し，TCP/IP が直接関与しない外部層である。*8* 章で述べる LAN や

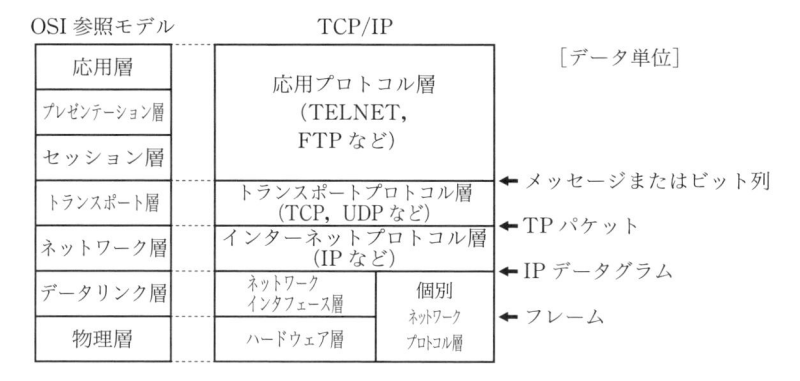

図 7.6 OSI 参照モデルと TCP/IP

OSI 参照モデル	TCP/IP	[データ単位]
応用層	応用プロトコル層 (TELNET, FTP など)	
プレゼンテーション層		
セッション層		← メッセージまたはビット列
トランスポート層	トランスポートプロトコル層 (TCP, UDP など)	← TP パケット
ネットワーク層	インターネットプロトコル層 (IP など)	← IP データグラム
データリンク層	ネットワーク インタフェース層 / 個別 ネットワーク プロトコル層	← フレーム
物理層	ハードウェア層	

X.25 などが該当する．上位 IP との関係を示す技術標準が RFC で定められている．

2) インターネットプロトコル層　OSI 参照モデルのネットワーク層に相当し，ノード-ノード間の通信を実現する中心プロトコルである．ノードの識別は，IP アドレスまたはインターネットアドレスと呼ばれる数字で行う．送信すべき **TP パケット**（transport protocol packet）と相手ノードの識別子を上位層から受け取り，パケットのカプセル化により **IP データグラム**（IP datagram）を構成する．IP データグラムは，経路制御アルゴリズムにより定められた送信すべきノードあるいはゲートウェイへ，下位層を通して送信する．一方，下位層から送られてきた IP データグラムは，有効性のチェックとヘッダの処理を行い，経路制御アルゴリズムにより内部処理するか別なノードに転送するかを決定する．サブプロトコルとして，下位層を通して IP データグラムを授受するための制御ならびにインタフェースを提供するネットワークインタフェースを含む．

3) トランスポートプロトコル層　OSI 参照モデルのトランスポート層に相当し，応用プログラム間にエンド-エンド通信を実現する．このために，情報のフロー制御，情報の信頼性や通信品質を高めるための誤り制御，順序制御，伝送確認などの処理を行う．応用プロトコルからのデータを分割し，これ

にプログラム識別などの制御情報を付加して，TPパケットを構成する。

4）応用プロトコル層（最上位層） OSI参照モデルのセッション層から応用層をまとめたものに相当し，ネットワークやインターネットに対するアクセスプロトコルを実行する応用プログラム群である。応用プログラムに特有のデータ形式やビット列を形成して下位層に送ったり，下位層から送られてきた情報を編成する。

7.4.2 TCP/IPのサブプロトコル

上記のTCP/IPプロトコルには，OSIモデルのエンティティに相当するサブプロトコルが多数含まれている。サブプロトコルの代表的なものを図7.7に示し，RFC番号とともに簡単な解説を加える。なお，一部のプロトコルに関しては，後の章で詳しい説明がある。

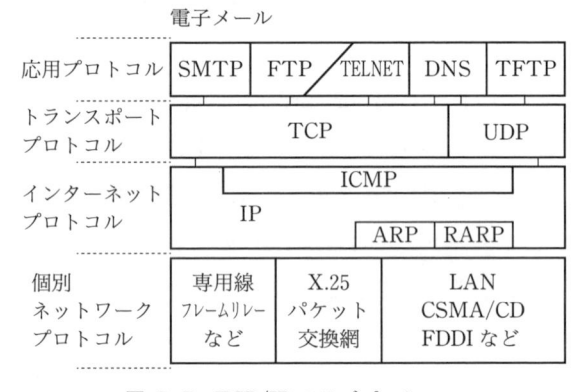

図7.7 TCP/IPのサブプロトコル

〔1〕 インターネットプロトコル

1）IP（Internet Protocol, RFC 791） もっとも基本的なプロトコルであり，単一の通信ネットワークを通して，交換局として機能しているノード間に，コネクションレス形のデータ転送機能を実現する。IPデータグラム・経路選択などの交換処理，誤伝送や誤動作などに対する処理などを規定する。

2）ICMP（Internet Control Message Protocol, RFC 792） コンピュ

ータやゲートウェイに対して，IP サービスを行うための各種の制御データの交換や転送を行うプロトコルである．通信ネットワークの状態監視，ゲートウェイの動作のモニタあるいは制御などが行える．

3）　**ARP**（Address Resolution Protocol，RFC 826）　上位層の IP アドレスを下位層の物理アドレス（IEEE 802.2 アドレス）に変換するプロトコルである．この逆を行う **RARP**（Reverse ARP，RFC 903）もある．

4）　**IGMP**（Internet Group Multicast Protocol，RFC 1112 & RFC 2236）　特定グループに属する相手に効率よくデータを転送するマルチキャスト通信を，IP により行うためのプロトコルである．

〔*2*〕　トランスポートプロトコル

1）　**TCP**（Transmission Control Protocol，RFC 793）　ユーザ間にコネクション形の信頼性の高い通信を提供する．バーチャルサーキット形式のパケット交換機能（*5.3* 節参照）に相当する．

2）　**UDP**（User Datagram Protocol，RFC 768）　ユーザ間にコネクションレス形の簡易な通信を提供する．データグラム形式のパケット交換機能（*5.3* 節参照）に相当する．

〔*3*〕　応用プロトコル

1）　**SMTP**（Simple Mail Transfer Protocol，RFC 2821）　コンピュータ間でメッセージ転送を行うプロトコルであり，電子メールや電子掲示板に利用される（*9.1.1* 項参照）．

2）　**TELNET**（Telecommunication Network Protocol，RFC 854/855）
ローカルホスト（ユーザの位置するコンピュータ）とリモートホスト（遠隔コンピュータ）の間に，TCP コネクションを設定するプロトコルである．ユーザがほかのコンピュータにリモートログインし，会話形のアクセスを実行する（*9.3* 節参照）．

3）　**DNS**（Domain Name System，RFC 1034/1035/974）　階層化されたコンピュータの名前であるドメイン名と IP アドレスとを変換するサービスの基本プロトコルを与える（*8.5* 節参照）．

4) **FTP**（File Transfer Protocol, RFC 959）　コンピュータ間で大量のデータからなるファイルを効率よく転送するプロトコルである。制御のためのコネクションを TELNET で設定するため，FTP の一部は TELNET に依存している（**9.4** 節参照）。

5) **TFTP**（Trivial File Transfer Protocol, RFC 1350）　ネットワークを介してコンピュータ間でファイル転送を行う簡易ファイル転送プロトコルである。UDP を使用し，FTP よりも簡易化したプロトコルとなっている。

7.5 IPアドレス

7.5.1　IPアドレスの管理

IP アドレス（インターネットアドレス）は，ネットワーク上のホストまたはノードを指定する番号で，TCP/IP を使ったネットワークを運用する上での中心となる。現在使われている IP アドレスは，32 ビット固定長（**IPv4**（internet protocol version 4））または 128 ビット固定長（**IPv6**（internet protocol version 6），**7.5.6** 項参照）のビット列で構成される。ここでは，いまだに多く利用され重要な基本概念を含む IPv4 を中心に説明し，IPv6 は IPv4 と対比させて **7.5.6** 項で取り上げる。

IPv4 でも IPv6 でも IP アドレスは，特定のネットワーク上で一意の番号となるよう管理されなければなない。一つのネットワーク上に複数の同じ IP アドレスがあってはならず，ほとんどのホストやノードは単一の IP アドレスを持つ[†]。このことは，小さな組織のネットワークでもインターネットのように全世界に張りめぐらされたネットワークでも同じである。

インターネットに関して，世界規模での管理組織について説明する。ネットワーク番号の割り当ては，国際的な管理組織 **ICANN**（Internet Corporation for Assigned Names and Numbers，1998 年 10 月までは，IANA（Internet

---

[†] 複数のネットワークに属するマルチホームホストやゲートウェイのように，複数の IP アドレスを持つこともある。

7.5 IPアドレス

Assigned Number Authority))のもとに，NIC（Network Information Center）が実際の業務を行うという分散管理体制をとっている。国際間の調整を行うInterNICのもとに，大陸レベルの地域ごとの管理を行う地域NIC，その下に国別のNICがある。日本の場合は，**APNIC**（Asia Pacific NIC）のもとに**JPNIC**（Japan NIC）が割り当ての基本管理を行い，2000年12月以降は**JPRS**（Japan Registry Sevice）が実際の登録業務を行っている（図7.8）。インターネットのような外部と接続するネットワークを運用する場合は，正規のIPアドレスを取得しなければならない。なお，少ないアドレスで多数のホストを収容できるよう，ホスト起動時に動的にIPアドレスを割り当て終了時に回収する**DHCP**（dynamic host configuration protocol，RFC 2131）を使うこともある。この場合は，利用のたびにDHCPサーバにIPアドレスを割り振ってもらうので，その都度異なる値を持つことになる。

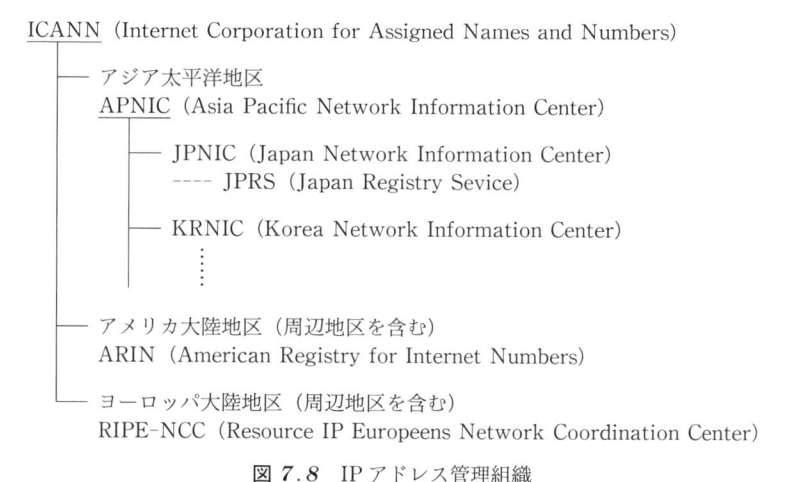

```
ICANN (Internet Corporation for Assigned Names and Numbers)
 ├─ アジア太平洋地区
 │   APNIC (Asia Pacific Network Information Center)
 │    ├─ JPNIC (Japan Network Information Center)
 │    │    ---- JPRS (Japan Registry Sevice)
 │    ├─ KRNIC (Korea Network Information Center)
 │    ⋮
 ├─ アメリカ大陸地区（周辺地区を含む）
 │   ARIN (American Registry for Internet Numbers)
 └─ ヨーロッパ大陸地区（周辺地区を含む）
     RIPE-NCC (Resource IP Europeens Network Coordination Center)
```

図7.8 IPアドレス管理組織

7.5.2 表記とクラス分け

IPアドレスを表す2進数をそのまま書くと読みにくい。32ビット長のIPv4では8ビットずつに区切り，それぞれを10進数表現してピリオドで区切った**ドット表記**が広く使われている。例えば，2進数で

10101100000100000000000100001010

と表される IP アドレスは，ドット表記で下のようになる。

172.16.1.10

この IP アドレスは，**ネットワーク部**と**ホスト部**に分割される。ネットワーク部には各ネットワークに割り当てられた一意の数字を，ホスト部にはホストの属するネットワーク内の固有の番号を，それぞれ割り振る。ネットワーク部とホスト部に分けるとき，ネットワーク規模に合った運用ができるよう，ビット長の異なる三つのクラスに区分される。この様子を図 **7.9** に示す。各クラスの構成と特長はつぎのようになる。

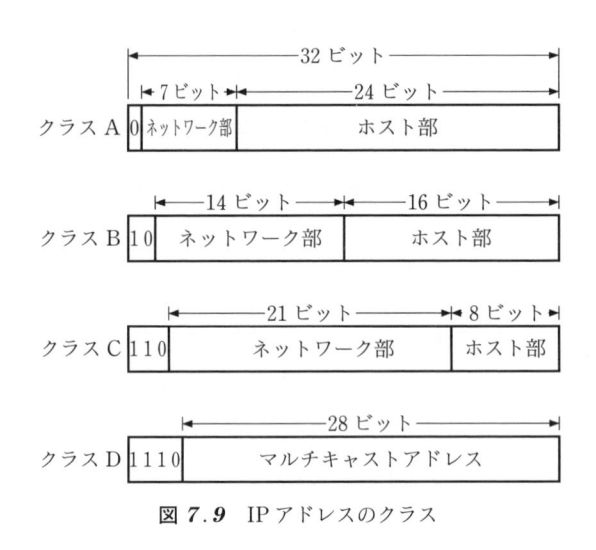

```
                  ←──────── 32 ビット ────────→
                  ←7ビット→←── 24 ビット ──→
        クラス A  |0|ネットワーク部|     ホスト部      |

                     ←── 14 ビット ──→←── 16 ビット ──→
        クラス B  |10|  ネットワーク部  |     ホスト部     |

                       ←──── 21 ビット ────→←8ビット→
        クラス C  |110|    ネットワーク部     |ホスト部|

                         ←──────── 28 ビット ────────→
        クラス D  |1110|      マルチキャストアドレス      |
```

図 **7.9**　IP アドレスのクラス

1）**クラス A**　先頭ビットを 0 として，ネットワーク部 7 ビット，ホスト部 24 ビットに割り振る。IP アドレスは，0.x.x.x〜127.x.x.x の範囲となる。ネットワークの数は 126 と少ないが，収容できるホストが 16 777 214 台と多いので，大規模ネットワーク向きの構成である。(128 と 16 777 216 とならないのは，後述のように，すべてのビットが 0 または 1 のアドレスは特別な意味を持つので，割り振ることができないからである。)

2）**クラス B**　先頭の 2 ビットを 10 として，ネットワーク部 14 ビッ

ト，ホスト部 16 ビットに割り振る。IP アドレスは，128.0.x.x〜191.255.x.x の範囲となる。ネットワークの数が 16 383，収容できるホストが 65 534 台と，三つのクラスの中間で中規模ネットワーク向きの構成である。

3） クラス C　　先頭の 3 ビットを 110 として，ネットワーク部 21 ビット，ホスト部 8 ビットに割り振る。IP アドレスは，192.0.0.x〜223.255.255.x の範囲となる。収容できるホストが 254 台と少ないが，ネットワークの数が 2 097 151 と多く，小規模ネットワーク向きの構成である。

4） その他のクラス　　なお，一般に使うことはないが，先頭が 1110 から始まるクラス D と，11110 から始まるクラス E もある。クラス D は IGMP （**7.4.2** 項参照）による IP マルチキャスト通信のホストグループ識別に使用され，クラス E は実験用に予約されている。

7.5.3　サブネット

　上記のクラス分けをそのまま適用すると，各ネットワークごとにネットワーク番号を割り当てることになる。しかし，ネットワークの数は限られており，すぐに使い切ってしまう恐れがある。また，各ネットワークがホスト数をすべて使い切るわけではなく，むだが多い。そこで，限られたアドレス空間を有効に利用するため，**サブネット**（RFC 950）が考え出されている。従来のホスト部をサブネット部とホスト部に分け，従来のネットワーク部とサブネット部を合わせたものを拡張ネットワーク部として扱う。図 **7.10** に示すのは，クラス B に 6 ビットのサブネットを導入した例である。ホスト数は 1 022 台に減るが，一つのクラス B ネットワークに 62 までのネットワークを収容できるようになる。サブネットの割振りは運用組織で自由に行えるため，各組織に応じた設定により自由度が増す。

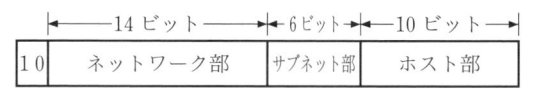

1 0	←――14 ビット――→	←6 ビット→	←―10 ビット―→
	ネットワーク部	サブネット部	ホスト部

図 **7.10**　サブネットの例

7.5.4 特殊なアドレス

IPアドレスには，一般には使えない予約アドレスがある（RFC 1700）。ネットワーク部またはホスト部がすべて0または1のアドレスは，特別な意味を持つ。一般に，すべて0は"ネットワーク自身"を表し**ネットワークアドレス**となり，すべて1は"すべて"を表し**ブロードキャストアドレス**となる。したがって，32ビットすべて1のアドレスは，ネットワーク内の全ホストに対するブロードキャストアドレスとなる。また，クラスBの127.x.x.xは，予約されたホスト内の**ループバックアドレス**である[†]。

予約アドレス以外で注意しなければならないIPアドレスに，**プライベートアドレス**（RFC 1918）がある。外部との通信を行わない閉じられたネットワークに，世界唯一のグローバルアドレスを割り振るのはアドレス空間のむだ使いである。このため，プライベートアドレスが準備されている。クラスAでは10.x.x.xが，クラスBでは172.16.x.x～172.31.x.xが，クラスCでは192.168.x.xが，それぞれ指定されており，組織内で閉じたネットワークではこの中の適切なクラスのアドレスを使うべきである。

7.5.5 CIDR

種々の工夫をしたとしても，**7.5.2**項で述べたクラス分けを使う限りにおいては，割当て可能なアドレスの不足と，経路情報量の増大による管理の破たんが避けられない。根本的な解決は後述のIPv6によるが，それまでの間**CIDR**（Classless Inter-Domain Routing, RFC 1517/1518/1519）と呼ばれる方法で対処している。

CIDRでは，**7.5.2**項のクラス分けを廃止し，任意の大きさのネットワーク部とホスト部を置けるようにする。アドレス割当てのとき，地域や**NSP**（network service provider）ごとの連続したアドレスブロックを作り，この

[†] ループバックアドレス（loopback address）とは，自分自身を表す仮想的なアドレスで，習慣的にIPアドレスとして"127.0.0.1"が，ホスト名として"localhost"が使われている。

単位でユーザにアドレスを割り付ける．アドレスブロック内で一つのネットワークとなるようにネットワーク部を設定することで，効率的なアドレス利用が可能となる．さらに，連続したネットワークを一つのネットワークに集成してから経路情報を交換するので，交換する情報を大幅に減らせる．このため，JPNIC（**7.5.1**項参照）では IP アドレスの割振りをすべて CIDR に移行している（なお，経路制御に関しては，**8.4**節を参照のこと）．

7.5.6 IPv6

これまで述べてきた IP アドレスは，1970 年代から使われており，急速に拡大するネットワークに対してアドレスが不足したり，経路制御のための情報が巨大化して運用に支障がでるようになってきた．こうした問題を解消するため，次世代のインターネットアドレスとして IPv6 が開発された（IPv6 に対して，従来の IP を IPv4 として区別する[†1]）．

IPv6 の最大の特徴は，128 ビットのアドレス空間を持つことである[†2]．最大 43 億の IPv4 アドレスでは，地球上の一人一人にアドレスを割り振れなかった．これが，IPv6 では現状でも一人当たり 5×10 の 28 乗というほぼ無限といえるアドレスを使えるようになり，アドレス枯渇の問題は解消される．これにより，これまでのインターネットだけでなく，あらゆるモノに固有の番号を持たせてネットワークでつなぎ，身の回りのコンピュータやネットワークから，いつでもどこでも快適なサービスを得ようとする**ユビキタスコンピューティング**においても，IP アドレスの面から対応可能となった．

アドレス数の増加以外に，IPv6 は多くの優れた特性を持っている．まず，標準ヘッダが簡素化され固定長になった（RFC 2460）．IPv4 のオプションフ

[†1] IPv5 は，RFC 1819 で定義されている ST2（internet stream protocol version 2）という資源予約のための実験プロトコルに割り振られていたので，番号が飛んでいる．
[†2] IPv6 は 128 ビットと長いので，区切り文字に":"（コロン）を使い，16 ビットごとに区切って 16 進数で表記する．また，連続する 0 のブロックは，1 箇所だけ省略できる．例えば，IPv6 のループバックアドレス"0000:0000:0000:0000:0000:0000:0000:0001"は，"::1"と省略表記できる．

ィールドを持つ可変長のプロトコルヘッダから，余分な機能をそぎ落とし固定長のヘッダとした[†]．これにより，アドレス長が大きくなったにも関わらず，ネットワーク機器における処理の高速化が可能になっている．そのほか，IPアドレスの自動設定機能による自動化，IPアドレスの階層化による経路制御処理の効率化，QoS（quality of service）やセキュリティなどの付加機能の装備など，多くの特徴を持っている．

IPv6 は IPv4 との接続性にも配慮されており，一気に IPv6 だけのネットワークが出現することはない．OS，アプリケーションおよびネットワーク機器の IPv6 対応が進んでおり，IPv6 の新機能を使わなければ実現できないアプリケーションや，IPv4 の置き換えなどで利用が広がっている．IPv4 のなかに IPv6 があるネットワークから，IPv6 に IPv4 が包み込まれる環境に移行するであろう．

7.6 ソケット通信

すでに **7.4.1** 項で説明したように，TCP/IP で通信を行うときは，IP アドレスにより個々の通信機器を指定する．しかし，IP アドレスだけでは，どのようなサービスを要求するのかが扱えない．そこで IP アドレスにポート番号という補助的な数字を組み合わせた**ネットワークアドレス**が使われており，これを**ソケット**（socket）という．ソケットは，ネットワーク上のプログラムがデータを送受信する仕組みを抽象化するもので，ソケットを指定するだけで通信手段の細かな手順を気にすることなく処理できる．ソケットは **4.2BSD** に TCP/IP が実装されたときに用意された仕組みで，その後に他の OS でも取り入れられ広く利用できるようになっている．

ポート番号は 1 から 65535 までであり，1〜1023 のよく使用されるポート（well known ports），1024〜49151 の予約済みポート（registered ports），

[†] プロトコルヘッダのフィールド数は，IPv4 の 14 フィールドから IPv6 の 8 フィールドに減っている．

49152〜65535 の動的/プライベートポート（dynamic and/or private ports）に分類できる。well known ports は，任意のサーバ間でアプリケーションの処理内容を共有できるよう予約（RFC 3232 において定義）されている。例えば，FTP：20 と 21，telnet：23，HTTP：80 などとなっている（**9** 章のアプリケーションの説明において，ポート番号を記載している）。1024 より大きな番号は，各種のクライアントアプリケーションにより予約されていたり，その時々で自由に割り当てられるポートである[†]。

ソケットには，**5**.**3** 節で述べたデータグラム形式とバーチャルサーキット形式とに対応した 2 種類があり，前者はデータグラムソケット，後者はストリームソケットという。データグラムソケットは，UDP を利用してリアルタイ

コーヒーブレイク

RFC（request for comments）

RFC は，インターネット上で新しい技術を導入するとき，簡略な手続きで提出される文書のことです。インターネット技術を創造する技術者の組織 IETF（Internet Engineering Task Force）によって作成されます。「こんなことを考えたのですが，皆さんの意見を寄せてください」という意味が込められており，インターネットの自由で開放的なスタイルをよく表しています。自由だといっても，多くの人々の目に触れて，技術的にはしっかりした内容になっています。インターネット関係の仕事をすると，必ずお世話になるでしょう。

RFC として，膨大な数の文書が公開されています。これらは，例えば公式 Web ページ（http：//www.rfc-editor.org/）から，だれでも自由に入手できます。ほとんどの文書に，"Distribution of this memo is unlimited."と書かれていて，配布もほぼ自由に行えます。インターネットプロトコルスイートの標準化と実装要求については，"INTERNET OFFICIAL PROTOCOL STANDARDS"という RFC が年に 4 回出ているので，これを参考に必要な最新 RFC を探すことができます。なお，国内にも RFC を公開したミラーサイトや，RFC を記録した CD-ROM があるので，入手しやすいところから RFC を手に入れて，英語の勉強をかねて読んでみるとよいでしょう。

[†] ポート番号の割り当ては，http：//www.iana.org/assignments/port-numbers で最新版を確認できる。

ム処理に適するコネクションレス形の通信を行う。一方，ストリームソケットは，TCPにより信頼性の高いコネクション形の転送を行う。これらの特徴は，7.3節で述べたトランスポート層の役割に対応している。

演 習 問 題

【1】 電話をかけるとき，どのような仮想化が行われているかを考えてみよ。

【2】 電話で話をする場合を例にとって，OSI参照モデルの各層との対応を説明せよ。

【3】 TCPとUDPの違いを説明せよ。また，このプロトコルとFTPならびにTFTPの対比を述べよ。

【4】 各自の使っているネットワーク接続されたコンピュータのIPアドレスを調べてみよ。

【5】 IPv6はIPv4との連続性が考慮されている。どのような仕組みで実現しているかを調べてみよ。

【6】 CIDRでは，サブネットマスクのビット数により，例えば/28のように表す。この場合，何台のホストを収容できるか。また，CIDR形式でクラスCを表せ。

8

LAN とインターネット

　身近なネットワークとして，キャンパス内・ビル内などの限られた狭い範囲のコンピュータとその関連機器を結んだ**ローカルエリアネットワーク**（local area network：**LAN**）がある。LAN が広く使われるためには，多様な機器を簡単に接続できるよう，標準化されることが必要である。本章では，LAN の概要とどのような規格が定められているかを扱う。さらに，LAN 同士をつないだ世界規模の巨大な**インターネット**へと発展しているので，この概要を述べ，インターネットの中心技術として離れた場所のコンピュータをアクセスするための経路制御と DNS とを取り上げる。

8.1 LAN

　コンピュータネットワークには，**集中形ネットワーク**（centralized network）と**分散形ネットワーク**（distributed network）との，二つの形態がある。前者は，単一の大形コンピュータと複数の端末とを接続し，オンライン（on-line）機能とリアルタイム（real-time）機能を提供する。後者は，複数のコンピュータを高度で緊密な通信ネットワークで接続し，情報交換や情報共有機能により分散処理を実現する。ネットワーク機能や小形コンピュータの発展に伴い，大形コンピュータによる集中処理から，ネットワークで接続された小形コンピュータによる分散処理が進むとともに，巨大データ，超高速計算などが容易に利用できる仕組みが整えられ，利便性の高い複雑なネットワークコンピューティングが実現されている。

　LAN は，分散形ネットワークの一つである。限られた狭い範囲のコンピュ

ータやその関連機器を高速伝送路で結んだコンピュータネットワークであり，つぎのような特徴を持つものを指す．

- ネットワークが同一敷地単位に限定され 10 km 程度以下
- 情報伝送速度は比較的大きく 1 Mbps 以上
- ノード数は比較的少なく 1 000 台程度以下
- ネットワーク形態が単純かつ高い融通性や信頼性をもつもの
- 簡単な通信制御を使い低コストで実現でき拡張性があるもの
- 法律の制約がない私的ネットワークでユーザの自由度が高いもの
- 接続される情報機器の機能を結びつけることで緊密な分散処理環境を実現できるもの

LAN によって，ビル内，工場内，キャンパス内といった緊密な連携をとる必要のあるコンピュータなどを結合することで，システム全体としての利便性と信頼性を向上させている．この特徴は，1) 資源共有，2) 負荷分散，3) 並列分散処理の三つの観点から整理できる．

1) 資源共有 (resource sharing) 各コンピュータの持つ資源を，通信ネットワークを通して離れたユーザが利用できるようになる．資源として，プリンタ，ハードディスク，プロセッサなどのハードウェアから，大容量ファイルサーバ，超高速演算システム，データベースシステムなどの特殊機能まで，多様なものを利用できる．**仮想端末**による別のコンピュータの利用，分散ファイルシステム **NFS** (network file system)，ファイル転送による情報共有など，汎用で均質なコンピュータの遠隔利用から分散機能の利用へと発展している．

2) 負荷分散 (load sharing) コンピュータの負荷を機能が等価なコンピュータに分散させることで，ネットワーク全体の処理能力や安全性を向上させることができる．例えば，一つのコンピュータを複数のユーザが同時利用する**時分割処理** (time sharing system：**TSS**) で，ネットワークを介して別のコンピュータに処理を割り振ることができれば，**ターンアラウンド時間** (turn around time) を改善できる．さらに，一部のコンピュータに障害が発

生したとき，ネットワーク上の他のコンピュータで負荷を分担し，システム全体の安全な運用を図ることもできる．正常な稼働を維持する**フェイルセーフ**（fail-safe）システムや，障害の影響を小さくする**フェイルソフト**（fail-soft）システムが実現されている．

3) **並列分散処理**（parallel distributed processing） ネットワーク上の複数のコンピュータ資源を使って，同時に複数の処理を実行することを並列分散処理といい，基本的に二つの形態がある．一つは，同じ目的の処理をネットワーク上に分散させる場合である．単独のコンピュータでは実現できない性能を引き出したり，システム開発を並列化し分散化できる．いま一つは，同じユーザがネットワーク内の複数のコンピュータ処理機能やデータを利用する場合である．別のコンピュータ上の情報や計算能力などを，自分の種々の仕事に利用できる．

以上述べたのは，その地域の通信インフラストラクチャとして，組織内に情報交換や情報共有機能を提供する小規模コンピュータネットワークとしての見方である．LANの別の見方として，広域通信ネットワークの一要素としての役割がある．すなわち，公衆データ網などでLAN同士を接続したWANにつながっていると，その一要素の役割を担っている．このような広域ネットワークの代表がインターネットであり，*8.3*節で取り上げる．インターネットにつながるLANはインターネットの共通技術を使って実現されており，ある組織の情報交換基盤の意味で**イントラネット**（intranet）と呼ぶこともある．

分散処理の新しい試みに，**グリッドコンピューティング**（grid computing）がある．これは，広域ネットワーク上のコンピュータを含む各種資源を仮想化して統合するとともに，解決すべき問題を動的に割り当てながら処理を進めるための仮想組織をも含む，総合的なコンピューティング基盤を形成する包括的な考え方である．この考え方のもとに，インターネットに接続された家庭のパソコンを利用し，その空き時間に暗号解読，医療研究などの計算を割り振るプロジェクトが出現している．これにより，個々のコンピュータの性能は低くてもスーパーコンピュータ並みの処理性能が実現できることを実証している．

8.2 ネットワーク規格の標準化

8.2.1 標準化組織と規格

LANを構築するとき，標準化された規格を採用しないと，拡張性や経済性の面で不利となる。しかし，あまり大規模な規格の場合，融通性に欠け採用しにくい。LANに関係した標準化団体として，本節で取り上げる規格を定めた二つの組織を述べる。

〔1〕 代表的な標準化組織

1) **IEEE**（Institute of Electrical and Electronics Engineers，米国電気

表 8.1 IEEE 802.X シリーズ

サブグループ	扱う内容
802.1	ハイレベルインタフェース（high-level interface）グループで，おもにネットワークアーキテクチャを対象とする。
802.2	論理リンク制御（logical link control：LLC）グループで，OSI参照モデルのデータリンク層を対象とした。
802.3	6.5節で述べたメディアアクセス制御のCSMA/CD方式を対象とする。
802.4	6.5節で述べたメディアアクセス制御のトークンバス方式を対象とした。
802.5	6.5節で述べたメディアアクセス制御のトークンリング方式を対象とした。
802.6	MANを対象としており，実用的には後述のANSI X3T9.5規格を採用した。
802.11	無線LANを対象とする。
802.15	UWB（ultra wide band）やBluetoothなどのPAN（personal area network）用プロトコルを対象とする。
802.16	固定無線通信のWiMAX（worldwide interoperability for microwave access）の標準化を対象とする。
802.17	リング形トポロジーのRPR（resilient packet ring）の標準化を対象とする。
802.20	移動体の高速な無線アクセスであるMBWA（mobile broadband wireless access）を対象とする。
802.21	異なるLANプロトコル間を自動で切れ目なく接続できるハンドオーバー（hand-over）を対象とする。
802.22	無線RAN（regional area network）に関する標準化を対象とする。

電子技術者協会）　米国に本部のある電気・電子分野の世界最大の学会である。標準化についても積極的な活動をしており，802委員会がLANに関連したプロトコルの研究を行っている。この委員会はいくつかのサブグループに分かれて，**IEEE802.Xシリーズ**という規格を定めている。**表8.1**に特定技術の標準化作業を行うWG（working group）と扱う内容の一部を示す。

2）**ANSI**（American National Standards Institute，米国規格協会）

米国内の工業製品の規格を策定する団体（日本のJISに相当）で，情報交換用米国標準符号**ASCII**（American Standard Code for Information Interchange）を発行したことで有名である。これ以外にも，多くの標準化に関係している。

〔2〕 **LAN規格**

〔1〕で述べたような機関が，すでに触れたISOやITU-Tなどの他の標準化機構との整合性をとりながら，標準規格を制定している。本章で扱うLAN規格をOSI参照モデルと対応させたものを，**図8.1**に示す。OSI参照モデルの下位2層（物理層，データリンク層）に対応し，さらに，データリンク層に対応する層がつぎの二つに分かれる。

① LLC層　　上位プロトコル層に対し，すべてのMAC方式に共通なデ

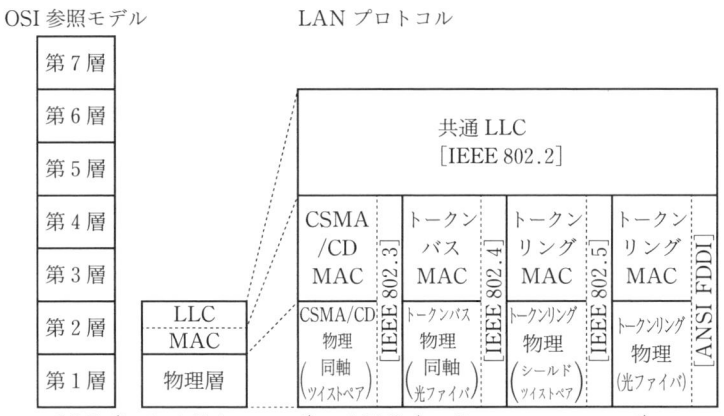

図8.1 LAN標準規格とOSI参照モデル

ータ転送機能を供給する。IEEE 802.2 の扱う**図 8.2** に示した LLC フレームを構成する。

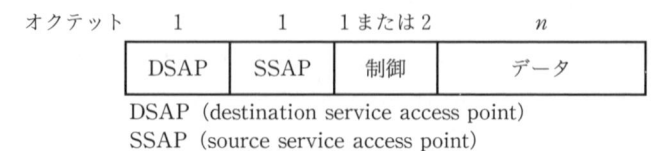

オクテット	1	1	1 または 2	n
	DSAP	SSAP	制御	データ

DSAP (destination service access point)
SSAP (source service access point)

図 8.2 LLC フレームの構成

② MAC 層　アクセス制御プロトコルを規定する（**8.2.2**項以降で扱う）。

つぎに，**図 8.1** に示した代表的な LAN 規格について MAC 方式を中心に説明する。

8.2.2　IEEE 802.3（CSMA/CD 方式）

もとは，米 Xerox 社の Ethernet に採用され，一部修正の上 IEEE 802.3 規格になった。バス形 LAN のアクセス制御方式として最も普及している。**図 8.3** に示すように，伝送速度や伝送メディアなどで，10 BASE 5 とか 100 BASE-TX などと呼びならわされている。

```
10 BASE 5
        └─ セグメント最大距離（1/100 で示し，500 m の意味）
     └─ 変調方式がベースバンド
  └─ 伝送速度（Mbps で示し，10 Mbps の意味）

100 BASE-TX
         └─ ツイストペアケーブル
      └─ 上と同じ
   └─ 上と同じ意味で 100 Mbps を示す
```

図 8.3　IEEE 802.3 の呼び名

MAC フレームの構成を**図 8.4** に示す。非同期方式のため，先頭に同期をとるための信号プリアンブル（P）を置き，次いでフレーム先頭を表すフレーム開始デリミタ（SFD）が続く。P は "10101010" のビット列 7 個から，

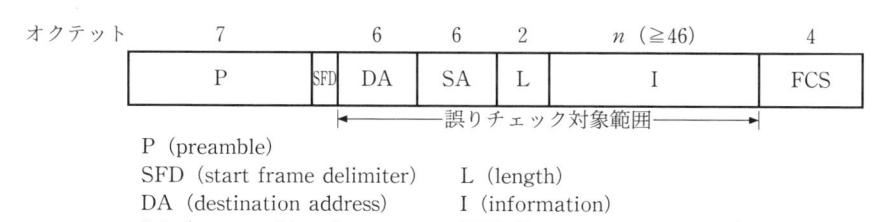

8.2 ネットワーク規格の標準化

オクテット	7		6	6	2	n (≧46)	4
	P	SFD	DA	SA	L	I	FCS

誤りチェック対象範囲：DA〜I

P (preamble)
SFD (start frame delimiter)
DA (destination address)
SA (source address)
L (length)
I (information)
FCS (frame check sequence)

図 8.4 IEEE 802.3（CSMA/CD 方式）のフレーム構成

SFD は"10101011"のビット列からなる。コネクションレス形の伝送であり，あて先アドレス（DA）と発信元アドレス（SA）を含むパケットを全ノードに送る。情報（I）部に図 8.2 の LLC フレームを格納する。この長さが長さ（L）部に入るが，最小長が 46 オクテット（バイトと同義）と決まっているので，短い場合は意味のないパッド（詰めものデータ）が挿入される。最後に，ビット誤りを検出するためのフレームチェックシーケンス（FCS）が付く。FCS は，DA から I までを対象とした 32 次の生成多項式を使った **CRC**（cyclic redundancy check）である[†]。

中心となる CSMA/CD の動作は，つぎのようになる（図 6.5 参照）。

① フレームの送信　キャリア検出機能により伝送メディアをモニタし，キャリア検出中なら，アイドル（idle）になるまで送信を延期する。アイドルなら，フレーム間最小間隔相当時間待ってからフレームを送信する。フレーム衝突がなければ送信は完了する。

② フレーム衝突処理　フレーム送信と同時にフレームの衝突を検出する。フレーム衝突を検出すると，ただちに送信を停止し，伝送メディアを無効とする**ジャム**（jam）**信号**を一定時間送信する。**バックオフ**（back-off）**状態**に入り，ランダムな時間待って①に戻り再送する。待ち時間は，最大伝搬時間の整数倍で，衝突回数 N に対して 2 の N 乗となるよう設定する。これを **BEB**（binary exponential back-off）という。

[†] 巡回冗長検査とも呼ばれ，連続した誤りを検出可能な誤り検出方式で，データの伝送・記録などで広く使われている。生成多項式というシフトや加算を組み合わせた演算（一般にハードウェアで処理）を行い，受信データから生成した値と一致するかどうかで，伝送・記録の正しさを確認できる。

③ フレームの受信　フレーム先頭のPを受信し，SFDを検出する。DAが自分あてであれば，SAからIまでを受信し，最後にFCSをチェックする。誤りがなければ，Iを取り出して受信が完了する。

基本となる10 BASE 5の仕様をまとめると，つぎのようになる。

- 伝送メディアは，特性インピーダンス50 Ωで直径約10 mmの中心導体と二組の編み組銅線からなる同軸ケーブルである。
- 1セグメントは最大500 mで，この間にノード接続用のトランシーバ（transceiver）を最小間隔2.5 mで最大100まで接続できる。
- トランシーバとノードは，ピラニアタップと呼ばれる二つの信号ピンを持ったソケットと，最大長50 mのケーブルとで同軸ケーブルにつなぐ。
- 任意の2ノード間は最大2.5 kmであり，1ネットワークのノード数は最大1 024である。
- マンチェスタ符号を使ったベースバンド変調方式で，10 Mbpsの伝送速度である。

10 BASE 5を基本にしながら，ツイストペアケーブルを使い**集線装置**（**hub**）で接続する10 BASE-T，ツイストペアケーブルを使い100 Mbpsに高速化した100 BASE-TX，1 000 Mbpsで伝送できる1000 BASE-T（ツイストペアケーブル）と1000 BASE-SX（光ファイバ）など，最も活発な開発が行われ実用化されている規格である。なお，"T"タイプの仕様では，データ衝突検出方法が上で説明したバス形とは異なり，全二重通信可能なものとなっていたり，複数のケーブルを組み合わせて高速化する場合もある。さらに**6.6**節〔5〕で述べたスイッチと組み合わせることで，帯域すべてを使った対向通信の実現や，異なる速度のケーブルを混在させて接続できるようになっている。

8.2.3　IEEE 802.4（トークンバス方式）

IEEE 802.4におけるMACフレームの構成を図**8.5**に示す。IEEE 802.3と似た構成であるが，送信データだけでなく制御データも送るため，フレーム

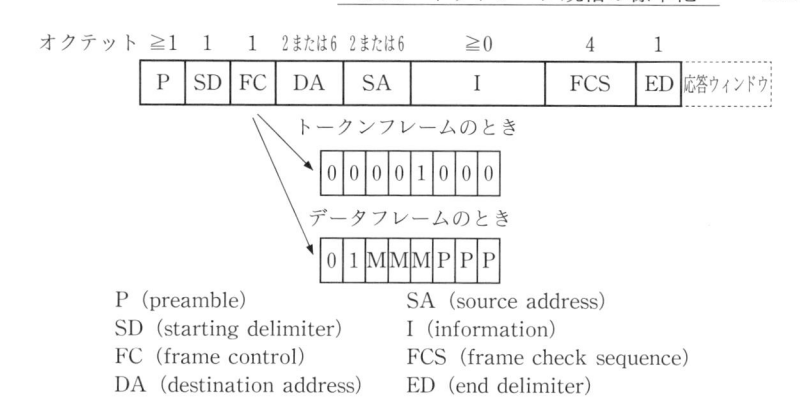

```
オクテット  ≧1  1  1  2または6 2または6  ≧0      4    1
           | P | SD | FC | DA | SA |   I   | FCS | ED | 応答ウィンドウ |
                        ↓
                    トークンフレームのとき
                    | 0 | 0 | 0 | 0 | 1 | 0 | 0 | 0 |
                        ↓
                    データフレームのとき
                    | 0 | 1 | M | M | M | P | P | P |
```

P（preamble）　　　　　　SA（source address）
SD（starting delimiter）　I（information）
FC（frame control）　　　FCS（frame check sequence）
DA（destination address）ED（end delimiter）

図 8.5　IEEE 802.4（トークンバス方式）のフレーム構成

の区別を行うフレーム制御（FC）部がある。また，フレームの先頭と終了を示す開始デリミタ（SD）と終了デリミタ（ED），およびトークン巡回制御に関した情報を載せる応答ウィンドウが準備されている。

　FC部は図に示すように，最初の2ビットでフレームの区分をする。"00"ならトークンフレームであり，"01"ならデータフレームである。データフレームの場合には，応答が必要かどうかの"MMM"部と，伝送優先権を示す"PPP"部を含んでいる。

　バス形で論理的なリングを構成するため，つぎのような制御を行う（図 6.4 参照）。フリートークンを持つノードは，つぎのノードアドレスをDAに載せて全ノードに送信する。DAのノードはこれを受け取り，メッセージがあればメッセージを載せ，なければつぎのノードにフリートークンを転送する。これを繰り返すことで，フリートークンを全ノードに巡回させることができる。

　IEEE 802.4トークンバス方式の基本は，75Ωの同軸ケーブルを使った，単方向伝送のブロードバンド変調方式で，10 Mbpsの伝送速度であった。

8.2.4　IEEE 802.5（トークンリング方式）

　IEEE 802.5は，IBMトークンリングをもとにして規定された。伝送メディアを巡回する信号には，トークン用とデータ用の二つがある。図 8.6 にデー

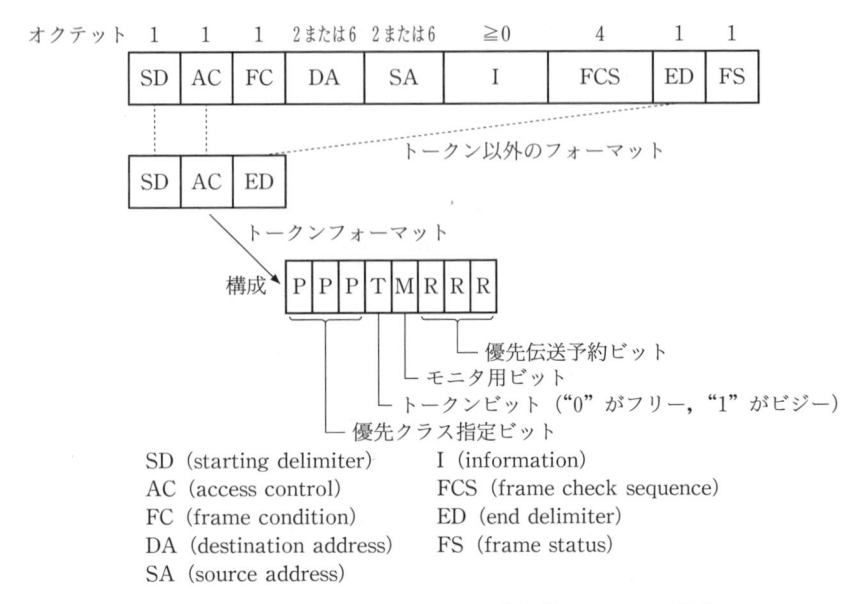

```
オクテット  1    1    1   2または6 2または6  ≥0    4    1    1
         ┌──┬──┬──┬────┬────┬──┬────┬──┬──┐
         │SD│AC│FC│ DA │ SA │ I│FCS │ED│FS│
         └──┴──┴──┴────┴────┴──┴────┴──┴──┘
```

トークン以外のフォーマット

```
         ┌──┬──┬──┐
         │SD│AC│ED│
         └──┴──┴──┘
```
トークンフォーマット

構成 P P P T M R R R
- 優先クラス指定ビット
- トークンビット ("0"がフリー, "1"がビジー)
- モニタ用ビット
- 優先伝送予約ビット

SD (starting delimiter)　　　I (information)
AC (access control)　　　　　FCS (frame check sequence)
FC (frame condition)　　　　 ED (end delimiter)
DA (destination address)　　FS (frame status)
SA (source address)

図 8.6 IEEE 802.5（トークンリング方式）のフレーム構成

タ用の MAC フレームの構成を示す。トークン信号は，図の FC から FCS までのデータ部分と FS 部とを除いたものである。

フレームのなかで，トークンリング方式固有の意味を持つフィールドを説明する。SD のつぎにくる**アクセス制御**（AC）部は，ノードに伝送権を与えるかどうかの制御に関係する。AC のビット構成は図のようになっており，図中に示したような意味で使われる。つぎに，**フレーム制御**（FC）部は，LLC 副層間でデータ転送するのか，MAC 副層間で制御データ転送するのかを区別する。**フレーム状態**（FS）は，フレーム信号があて先アドレスに正しく届いたかどうかを確認するのに使う。

図 8.7 にトークンリング方式の動作状態を示す。
① メッセージの送信　　送信要求を持つノードは，リング内を高速で巡回しているフリートークンを捕捉し，あて先アドレスと情報を書き込んだフレームパケットを生成してつぎのノードに送る。
② メッセージの転送　　パケットを受け取ったノードは，自分あてのパケ

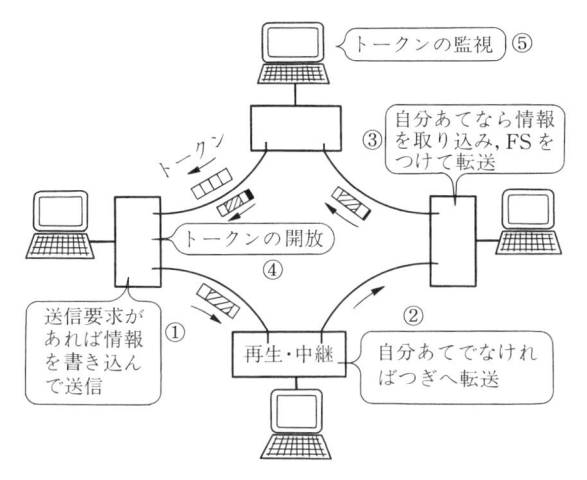

図 8.7 IEEE 802.5（トークンリング方式）の動作

ットかどうかを調べ，自分あてでなければつぎのノードへ転送する。

③ メッセージの受信　パケットが自分あてであったノードは，パケットの内容を取り込み，受信したことを示す FS を付けてつぎのノードに転送する。

④ トークンの開放　転送されていたパケットが①で発信したノードに戻ってくると，FS で正しく受信されたことを確認し，すべての情報を消してフリートークンに変えてつぎのノードへ転送する。

⑤ トークンの管理　各ノードはタイマによるモニタ機能を持ち，トークンの重複・消失やビジートークンの多重巡回などの監視を行う。

IEEE 802.5 の基本的な仕様は，つぎのようになっている。

- 差分マンチェスタ符号によるベースバンド伝送方式で，4/16 Mbps の伝送速度である。
- シールド付きツイストペア線または光ファイバを伝送メディアとする。
- 最大ノード数 260，最大セグメント長 100 m である。

トークンリング方式は通信性能の点で優れているが，高価である。このため高い信頼性やリアルタイム性が要求される特別な用途に使われていた。

8.2.5 ANSI FDDI（トークンリング方式）

FDDI（fiber distributed data interface）は，通信速度の高速化とネットワーク規模拡大に対応するために ANSI で X3T9.5 として規格化された。その名の通り光ファイバを使うことを前提に，MAN にも対応可能な高速 LAN となっている。

メディアアクセス制御として **8.2.4** 項と同じトークンリング方式を採用しているが，高速化・遠距離化のための仕組みが取り入れられている。まず，図 **8.8** に示すように，二重リング構造となっている。このため，リングバック制御により，ネットワークから障害部分を除去して復旧可能である。しかし，すべてのノードに高度な二重リング制御機能を組み込むと高価になるので，つぎの三つのノードを規定している。

- 二重リングに接続可能な**二重接続局**（dual-attachment station）
- 多数の接続ポートを備えて局の相互接続を行う**集線装置**（concentrator）
- 特定の集線装置に単一リンクで接続する安価な**単一接続局**（single-attachment station）

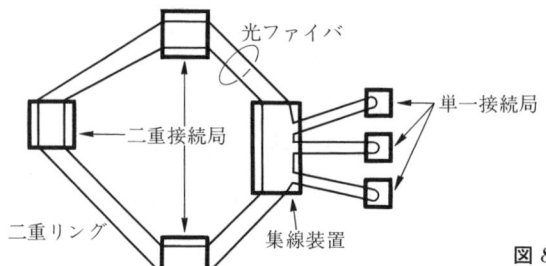

図 **8.8** FDDI のネットワーク構成

また，トークン制御として，フレーム送信と同時にフリートークンを解放するマルチトークン方式を採用している。このため，複数のビジートークンがリング上に同時に存在でき，高速で長距離のリングネットワークであっても，良好な通信性能を得ることができる。

基本的な仕様はつぎのようになっている。

- MACフレームの構成は，トークンリングのフレームと等価である．しかし，4ビットの情報単位を伝送単位としているので，ビット数が異なる．
- 4B5Bの伝送符号を採用し，冗長性を利用した符号の平衡性やビット同期などの特性を得ている．
- 伝送速度は，情報レベルで100 Mbps，信号レベルで125 Mbpsである．
- ノード間距離を最大200 kmまでの範囲で，最大1 000ノードまで接続できる．

FDDIは**バックボーン**（backbone）**LAN**として小規模LANを結合したり，高速ディジタル回線とLANを接続するときのゲートウェイなどに使われていた．また，ツイストペアケーブルを用いて安価にネットワークを構築できる**CDDI**（copper-stranded distributed data interface），基本のFDDI機能に加え回線交換形に相当する転送モードも利用できる**FDDI-II**などの拡張規格もあった．

8.2.6　IEEE 802.11（無線LAN）

1990年に設立されたIEEE 802.11 WGの標準化した規格が，無線LANとして最も広く普及している．IEEE 802.11規格は，データ伝送速度，無線周波数帯域などの物理層から，通信の分散/集中の制御などを行うMAC副層までのプロトコルと，これらに関連した規格を扱う．物理層には，2.4 GHz帯/5.2 GHz帯といった使用周波数と，種々の変調方式の組合せが存在する．使用周波数として免許のいらない**ISM**（industry science medical）帯を使いながら，干渉に強い通信を行わなければならず，有線で使われている単純な変調方式を使っただけでは実用化できない．このため，ディジタル信号で変調されたキャリアのスペクトラム帯域を，もとの帯域よりも広げ拡散させることで，雑音に強く安全性の高い通信が可能なスペクトラム拡散方式（後述）を基本とした変調方式が採用されている．一方，MAC副層としては，CSMA/CD方式（*8.2.2*項参照）を踏襲した**CSMA/CA**（carrier sense multiple access with collision avoidance）方式とポーリング方式（オプション）が採用され

ている。CSMA/CA 方式は，CSMA/CD 方式と同様に他のノードが送信中かどうか確認するが，衝突確認ができないので送信中だったら待機するという方式である。

IEEE 802.11 委員会では，上記プロトコルの組合せやセキュリティなどについて 20 以上の作業グループ（TG：task group）が検討を進めており，802.11 a，802.11 b のようにアルファベットをつけて区分する。このうち，2.4 GHz 帯で最大伝送速度 11 Mbps の 802.11 b が最初に製品化され普及した。続いて，使用周波数を 5.2 GHz 帯に変え転送速度を 54 Mbps に上げた 802.11 a，802.11 b との互換性を持ちながら 802.11 a と同じ転送速度を持つ 802.11 g へと発展している。この三つの規格の概要を**表 8.2** に示す。

表 8.2　IEEE 802.11 a/b/g の概要

	IEEE 802.11 b	IEEE 802.11 a	IEEE 802.11 g
使用周波数帯	2.4 GHz 帯	5.2 GHz 帯	2.4 GHz 帯
最大伝送速度	11 Mbps	54 Mbps	54 Mbps
最大伝送距離	約 100 m	数 10 m	約 100 m
変調方式	CCK[*1]	OFDM[*2]	CCK と OFDM
チャネル数[*3]	14（4）	8（8）	13（3）
11 b との互換性	―	なし	あり
製品化年	1999 年	2001 年	2002 年

　*1　CCK（complementary code keying）
　*2　OFDM（orthogonal frequency division multiplexing）
　*3　（　）内は，同時接続チャネル数を示す。

表 8.2 の規格すべてについて詳細な説明を行うには紙数が足らないので，ここでは無線 LAN の基本技術である変調方式の **OFDM** を取り上げ，その概要を述べる。無線 LAN の環境では，一点から出た電波であっても壁・天井等で反射され，受信アンテナには直接波以外に複数の経路を通った多数の遅延波が届くことになる。このような状況でも安定な伝送を行うために考えられたのが，もとの時間空間の高速な信号を，周波数空間に変換した複数の低速な信号（サブキャリア）に分割して送る**スペクトラム拡散方式**である。分割されたサブキャリアごとの変調を低速にでき，もとのキャリアよりも遅延波の影響を受

けにくい[†1]。OFDM はスペクトラム拡散方式の一つで，多数のサブキャリアに直接変換し並行して送る直接拡散方式である。分割されたサブキャリアどうしが独立に分離可能（これを直交（orthogonal）という）であることから，**直交周波数分割多重方式**といわれる。直交は，図 8.9 に示すように，各サブキャリアの中心周波数を他のサブキャリアの電力密度零点にあわせることで実現している。OFDM に基づく 802.11 a 仕様では，送信データを 52 サブキャリア（4 パイロット信号を含む）に分割した後に，BPSK，QPSK，16 QAM，64 QAM のいずれかで変調し，ついでサブキャリアを合成するために逆フーリエ変換という信号処理により時間信号を得て，最後にガードインターバル（guard interval）[†2]を付加して送り出す。受信側では，これと逆の処理を行う。

無線 LAN の安全で正確な送受信のためには，OFDM のような変調処理だ

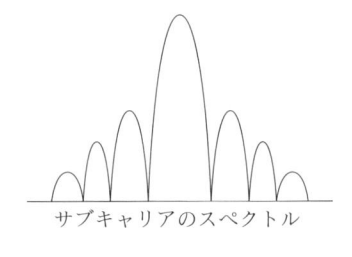

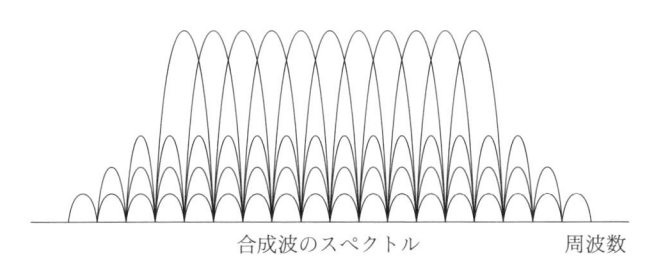

図 8.9 OFDM における変調信号（原理図）

[†1] この方式では，特殊な符号化を行って送信するので，符号の意味を知ったノードしか正しく受信できない。これは，適切に運用すればセキュリティに強いということを意味する。

[†2] 干渉を低減するために挿入される冗長時間である。このため，実際の電波は図 8.9 のようにきれいに並んでいるわけではない。

けでなく，データの暗号化やアクセス制御というセキュリティ機能，アクセスポイントの変更（ローミング）機能などの実装や，国別の周波数帯への対応，さらなる高速化など，多くの標準化が必要になる。こうした議論は

　802.11 e：ネットワークのサービス品質 QoS（quality of service）の検討
　802.11 i：セキュリティ機能の拡張
　802.11 j：日本の 4.9～5 GHz 帯へ対応する規格の標準化
　802.11 n：100 Mbps 以上のスループットを実現する高速無線 LAN の検討
　802.11 r：高速なローミングを行う MAC 層プロトコルの標準化

といった TG で行われている。各 TG で標準化された規格は，高速な電子回路を使った複雑で高度な信号処理が必要となり，専用 LSI に実装されている。

　上記 TG のうち，セキュリティ機能で重要な 802.11 i について触れる。電波は空間を伝わっており，その届く範囲であれば誰でも通信内容を傍受できる。このため，適切な暗号化した通信が必須である。802.11 規格では，秘密鍵暗号方式の **WEP**（wired equivalent privacy）が最初に使われた。しかし，WEP は同じ鍵を使い続けるので，しばらく傍受すれば鍵を解読できるという脆弱性がある。このため，802.11 i TG は，より強度を増した暗号方式として，互換性を維持した方式と，安全性を重視した方式とを標準化した。前者は，WEP と同様の暗号鍵を使いながら，鍵を一定時間ごとに自動で交換することで解読されにくくした **TKIP**（temporal key integrity protocol）である。この方式も原理上解読される可能性があるので，米国政府が標準として採用した **AES**（advanced encryption standard）という暗号方式を使った，強力な方式も規定されている。どのような暗号方式が搭載されているか理解し，正しい設定を行わないと，有線系メディアでは考えられない侵入や盗聴が発生することになる。

　最後に，802.11 以外の無線 LAN 関連規格を述べる。まず，802.15 は近距離（数～数十 m）の無線 PAN（personal area network）を扱っており，802.15 TG 4 が標準化している近距離・超低消費電力の **ZigBee** が有名である。これに対して 802.16 では長距離（数～数十 km）の，802.20 では移動体

を含む大容量の，無線アクセスの標準化を行っている。一方，IEEE 802 委員会以外の規格では，携帯情報機器向けの **Bluetooth** が普及している。これは，2.4 GHz 帯を使い周波数ホッピング[†]によるスペクトル拡散方式を使い 1 Mbps の伝送速度を実現するもので，ノートパソコン・携帯電話などの情報端末で使われている。

8.3 インターネット

広い意味のインターネットは，コンピュータネットワーク同士を相互に接続したネットワークのネットワークを意味する。しかし，現在では TCP/IP ベースのプロトコルを標準とした世界規模のコンピュータネットワークである The Internet を指すことが多い。狭義のインターネットは，百数十か国の数億台のコンピュータを相互に接続し，数億人の人々に使われている（*1.6* 節参照）。

インターネットは，1969 年より実験網が稼働を始めた ARPANET から始まった。パケット交換技術・通信プロトコル技術・プロトコル階層化ネットワークアーキテクチャなど，多くのネットワーク関連技術を生み出し，現在のインターネットの標準プロトコルになっている。ネットワーク同士の接続技術 (Internet working) は，公衆回線・通信衛星などを使ったものへと発展し規模を広げてきた。日本でも，**UUCP** (UNIX to UNIX CoPy) ベースの実験ネットワーク **JUNET** (Japanese University NETwork) が 1984 年に作られ，日本初のインターネットバックボーンとして重要な役割を果たした。一方で，1986 年に **UNIX 4.2 BSD** (Berkeley Software Distribution) にインターネット標準プロトコルが実装された。これを使った TCP/IP ベースの LAN が学術機関を中心に普及し，LAN 同士を接続するためにインターネットが拡

[†] スペクトラム拡散方式の一つで，送信周波数をきわめて短時間で変更しながら送信する。特定周波数でノイズが発生しても，他の周波数で伝送したデータによって訂正が可能である。

8. LAN とインターネット

大していった。同時に、インターネットアプリケーションとして、電子メール、ネットニュースなどのメッセージ通信機能の利用が広がった。1990年代に入り、マルチメディア情報を含む情報交換・情報共有システムとして **WWW**（World Wide Web）が登場し、一般の人々を巻き込んだ発展を見せている。

インターネットが、このように広く普及したのは

- 共通のインターネットプロトコルスイートを使った組織のネットワーク化が普及し、広い接続性が容易に得られる。
- 使われている技術の開発と標準化がユーザ主導で行われ、革新的な技術が迅速に開発され、自由に利用できる。
- 使いやすいアプリケーションが、無料で使えるソフトウェアとして急速に広がっている[†]。

などの理由による。

インターネットは、**図 8.10** に示すような構造をしている。各組織の LAN が階層的に接続され、全体として相互に通信可能なようになっている。インタ

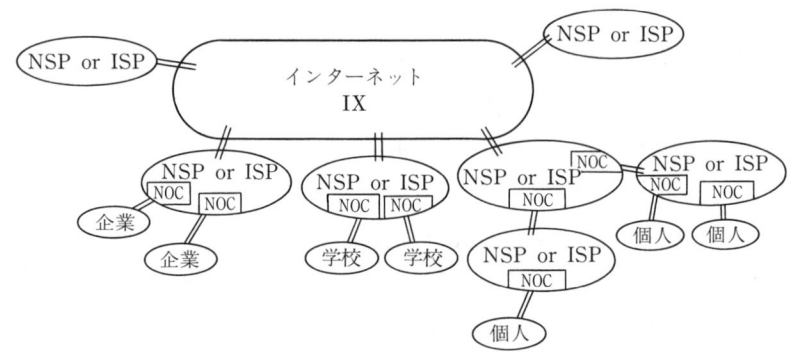

NSP (network service provider)　ISP (Internet service provider)
NOC (network operation center)

図 8.10 インターネットの構造

[†] インターネットの発展には、無料というだけでなく、ソフトウェアは知的共有財産（インテリジェントコモンズ）なので広く共有されるべきであるとの考え方から、ソースコードを含めて公開しているオープンソースソフトウェアの存在が大きな意味を持つ。

ーネットを利用する個人は，なんらかの組織に属する必要がある．学術機関・企業などの組織は，NSP または ISP の運営する NOC というインターネット接続ポイントを通してインターネットに接続する．NSP は，自組織に接続されている組織（個人）に責任を持ち，海外を含む他の NSP との接続を行う．

日本の NSP は，つぎの三つに大別できる．

- 学術研究を主目的とした**広域ネットワーク**　新しいコンピュータ環境の確立を目指す研究プロジェクト **WIDE**（Widely Integrated & Distributed Environment），学術研究のための **SINET**（Science Information NETwork）などがある．
- 接続を保証する基盤としての**地域ネットワーク**　北海道地区の NORTH から九州地区の KARRN まで，地域ごとに多くの組織が作られていたが，商用ネットワークの普及により役割を終えたり形態を変えている．
- 費用をとって接続サービスを提供する**商用ネットワーク**　単に**プロバイダ**（provider）と呼ばれることもあり，**インターネット相互接続点**（internet exchange：**IX**）に直接接続して海外にもつながるプロバイダと，このようなプロバイダからサービスを受けるプロバイダがある．

インターネットは中央に管理組織を持たず，徹底した分散形の自立システムとなっている．無秩序とも思える急激な規模の拡大にもかかわらず，安定な稼働ができることは驚きである．これを支える技術には，つぎのような特徴がある．

- IP アドレスの一意性さえ保てば，任意のノードを自由に接続できる．
- 経路制御において通信路の完全性を想定せず，故障箇所があっても通信できる．
- 運用と管理に中央を必要としない分散指向のネットワーク機構である．
- 階層化と仮想化の徹底と，完全な権限委譲（delegation）のシステムである．

このようなインターネット技術の代表として，通信路を決める経路制御と分散形の名前提供システム DNS とを，次節以降で詳しく述べる．

8.4 経路制御

パケットを始点から終点に届けるためには，どの経路を通ればよいかを決めて，その方向へ向けて転送しなければならない。このような処理を**経路制御**（routing）と呼んでいる。これを行うには，各ノードにおけるノード間の**距離**（distance）または**費用**（cost）を計測し，この距離情報を他ノードに配信する必要がある。あるノードまたはゲートウェイは，受け取った距離情報をまとめた**経路表**（routing table）を作成しておき，この表に従ってパケットを転送するという仕組みを実現しなければならない。

インターネット上の通信は，IPデータグラムのなかに含まれているあて先アドレスに向けて，いくつかのゲートウェイを順にリレーしていくことで実現している。つまり，インターネットにおける経路制御とは，ゲートウェイがIPデータグラムのなかのあて先アドレスによって，適切な経路を選ぶことである。このとき，経路のすべてを指定するのではなく，つぎに送るべきゲートウェイだけを管理するところに特徴がある。これを**ダイレクトパスフォワード**（direct-pass forward）という。したがって，経路表は，あて先アドレスと，ここに届けるために送るべきつぎのゲートウェイアドレスとの対からなる。

インターネットの経路制御は，少ない情報しか扱わないので管理が容易である。それでいて，途中の通信路が変わったり，障害により一部が使えない場合でも，そのことを気にせずパケットを送ることができる。しかし，送り出したパケットが正しく到達するためには，行き止まりになったりループしたりしないよう，インターネット全体の一貫性を保たなければならない。このため，距離を計測し配布するプロトコルである**ルーティングプロトコル**（routing protocol）または**ゲートウェイプロトコル**（gateway protocol）が重要である。

経路表を管理するのに，ルーティングプロトコルを用いて自動的に処理する動的経路管理と，管理者が手動で処理する静的経路管理とがある。動的管理では最新の接続状況を自動的に反映できる。しかし，セキュリティを配慮して特

定の経路に制限したり，単純な構成で経路制御の必要ないこともある。このような場合には，静的経路管理が使われる。

経路表で管理される情報に，つぎの三つの種類がある。

① **ホスト経路**　あて先のホストごとに経路を指定する。一部の例外的な経路に使う。
② **ネットワーク経路**　あて先のネットワークごとに経路を指定する。IP アドレスのネットワーク部を利用する。
③ **デフォルト経路**　すべてのあて先に有効な経路を指定する。

経路表の検索は①→②→③の順で行われ，ホストとネットワークの指定ができない場合はデフォルト経路に送る。デフォルト経路には，より広いネットワークにつながったゲートウェイが配置されている。これによって，インターネット上のすべての経路情報を持たなくても，どこにでもパケットを送ることが可能となる。

インターネット全体に同じルーティングプロトコルを適用するのは効率的でなく，2段階の経路管理を行うようになっている。同じ管理機関のもとで運用されているグループを**自律システム**（autonomous system）といい，この内部と外部とで異なった管理を行っている。自律システム内のプロトコルを**インテリアゲートウェイプロトコル**（interior gateway protocol）といい，自律システム間を**エクステリアゲートウェイプロトコル**（exterior gateway protocol）という。前者では **RIP**（Routing Information Protocol：V 2, RFC 2453)・**OSPF**（Open Shortest Path First Routing：V 2, RFC 2328）が，後者では **BGP**（Border Gateway Protocol：V 4, RFC 4271）が代表的である。

ルーティングプロトコルの例として，RIP の概要を述べる。RIP は距離として，あて先に到達するまでに通過するゲートウェイ数（ホップ数）を使う。隣接ゲートウェイ間で，到達可能なあて先アドレスとホップ数を配信し合い，経路表に蓄える。同じあて先に関する情報を複数のゲートウェイから得たときは，ホップ数最小のゲートウェイを選択する。このように隣接ノードと距離情報を交換しあって他のノードの距離を知る方式を，**距離ベクトル**（distance vector) **アルゴリズム**と呼ぶ．RIP で管理するホップ数の最大値は 15 なので，規模の小さなネットワーク向きである．

　RIP は広く使われているが，問題もある．情報の伝搬が緩やかで，通信路の状態が素早く反映されないことがある．また，回線速度や負荷状況を考慮していないため，選択された経路が真に最適かどうかわからない．このような問題を解決するため，RIP を改良して CIDR に対応可能とした RIP 2（RFC 2453）や，階層化ルーティングのできる OSPF に移行している．さらに，誤って配送された IP データグラムに対して，ICMP を使った訂正も重要な役割を担っている．誤ったデータグラムを送ってきたゲートウェイに，ICMP を使って経路変更要求メッセージを送ることで，正しい情報となるよう経路表の更新を行う．

8.5 DNS

　インターネット上のホストを IP アドレスという数字で表現することで，経路制御やプロトコル処理を効率的に行っている．しかし，人間にとって数字は扱いにくいので，IP アドレスに対応する名前を与えてホストを識別できるようになっている．インターネットの名前管理システムを **DNS**（domain name system, RFC 1034, RFC 1035）という．DNS では図 *8.11* に示すように，インターネット空間を**ドメイン**（domain）という領域ごとにツリー状に分割

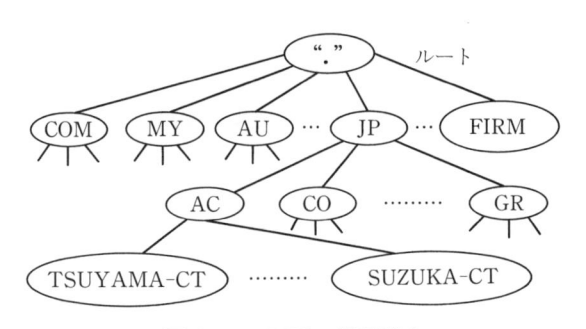

図 *8.11*　DNS の階層構造

する．ドメインごとに階層的に権限を委譲しながら，IPアドレスと同様に一意になるようなホスト名管理を行っている．各階層ごとの名前とアドレスをインターネット上に分散配置された**ネームサーバ**（name server）で管理しており，分散形の名前管理を行うところに特徴がある．インターネットに接続する組織は固有のネームサーバを持ち，名前提供の要求があれば応答を返すようなクライアント-サーバ形の分散データベースを構成している．

8.5.1 ドメイン階層

DNSによるホスト名の例を図 **8.12** に示す．階層ごとにピリオド（.）で区切り，左にいくほど狭い区域になっていき，左端がホスト名となる．ホスト名以外のピリオドで区切られたラベルをドメイン名という．ドメイン名は，いくつかの階層からなり，右端がトップドメインである．トップドメインは，おもにアメリカの**属性ドメイン**（net，edu，comなど）を除き，ISO-3166国際標準の2文字による国名（一部の例外あり）となる．したがって，日本の組織はjpを使う．第2階層のドメイン名は，第1階層を管理するNICにより定められる．

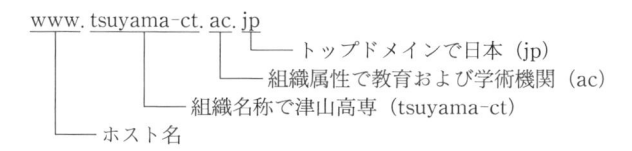

```
www.tsuyama-ct.ac.jp
                └─ トップドメインで日本（jp）
             └─ 組織属性で教育および学術機関（ac）
    └─ 組織名称で津山高専（tsuyama-ct）
└─ ホスト名
```

図 8.12 ホスト名の例

ここでは，jpドメインを管理するJPNICのもとに行われているドメイン名の割当てについて説明する．なお，図のようにトップドメインからホスト名まですべて指定した記述形式を **FQDN**（fully-qualified domain name）という．

- JPドメイン名には，属性形ドメイン名と地域形ドメイン名に加え，2001年から汎用JPドメイン名が新設された．
- 属性形ドメイン名は，〈組織ラベル〉．〈属性ラベル〉．JPの構成となる．
- 属性形ドメイン名の〈属性ラベル〉にはつぎの種類がある．

ACドメイン名：教育および学術機関

COドメイン名：企業

GOドメイン名：日本国政府機関

ORドメイン名：団体

ADドメイン名：ネットワーク運用組織

NEドメイン名：ネットワークサービス提供者

GRドメイン名：任意団体

EDドメイン名：おもに児童・生徒などの教育を受ける人用

LGドメイン名：地方公共団体

- 地域形ドメイン名は，一般地域形ドメイン名と地方公共団体ドメイン名に分かれる．

- 一般地域形ドメイン名の構成は，〈組織ラベル〉．〈市区町村ラベル〉．〈都道府県ラベル〉．JP の構成となる．

- 汎用 JP ドメイン名は，第2階層に取得者の希望する名称（組織名だけでなく商品名，催し物などでも可能）を登録できる[†]．

インターネットに接続を希望する組織や個人は，〈組織ラベル〉ドメイン名または汎用 JP ドメイン名を申請し，ほかに使われていないことを保証してもらわなければならない．これが認められれば，それ以下の層の名前を自己の責任で決定できる（**7.5.1**項参照）．

グローバル化の進むなかで，地域ごとの割り当てだけでなく，全世界の人々が第2階層を取得可能な一般トップレベルドメイン（これを **gTLD**（generic top level domain）という）の整備が進んでいる．以前は米国で使われていた .com（商用），.net（ネットワーク），.org（非営利団体）が ICANN（**7.5.1**項参照）の管理に移り，全世界に解放された．さらに，.biz（企業専用），.name（個人専用），.info（汎用）などの新しい gTLD が2001年から運用されている．これら gTLD は，ICANN が認定した世界中の業者（registrar）が

[†] 汎用 JP ドメイン名の新設と同時に，登録数の制限廃止，日本語ドメイン名を利用可能，個人でのドメイン名登録など，制限が大幅に緩和された．

割り当て業務を行っており，世界のどこでも共通のドメイン名を利用できる。

8.5.2 ネームサーバ

つぎに，DNS においてドメイン名と IP アドレスをどのように対応させるかを説明する。DNS は，名前の問合せを行う**クライアント**（client）と，回答する**サーバ**（server）とから構成される。ドメイン名空間の情報を管理し回答するプログラム（システム）がネームサーバである。多くのネームサーバは，自分の管理している空間に関する情報（**ゾーン情報**）を提供するとともに，権限のない空間に関して他のネームサーバに問合せを行う。したがって，権限のない空間の問合せを行うときは，クライアントの役目も果たす。

DNS の実装として最も広く使われているのは，**BIND**（Berkeley Internet Name Domain）である。図 **8.13** に示すように，ネームサーバとクライアントに相当する**リゾルバ**（resolver）とから構成されている。ドメイン名に対応した IP アドレスを必要とするアプリケーションプログラム（telnet, ftp, WWW ブラウザなど）は，リゾルバを通して名前の解決を依頼する。リゾルバはネームサーバへ問合せを行い，応答を解釈して要求のあったプログラムへ

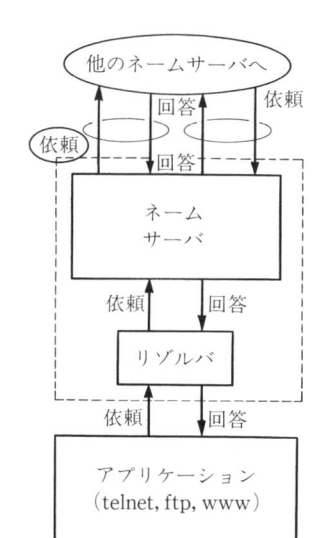

図 **8.13** ネームサーバとリゾルバの役割

返答する．ネームサーバは，必要に応じて他のネームサーバへの問合せを行いながら，リゾルバに回答することになる．

図 8.14 に WWW ホームページ（WWW に関しては 9.5 節参照）をアクセスするために，DNS によってホスト名の解決を行う手順を示す．www.tsuyama-ct.ac.jp にあるページをアクセスするためには，このホストの IP アドレスを知らなければならない．WWW ブラウザは，リゾルバに対して www.tsuyama-ct.ac.jp に関する問合せを行う．すると，以下に示すような手順で検索が行われ，最終的に IP アドレスを得ることができる．

① リゾルバは自組織のネームサーバに対して問合せを行う．
② 自組織のネームサーバは，トップレベルドメインを管理するルートネームサーバに問い合わせて，jp ネームサーバの IP アドレスを知る．
③ jp ネームサーバに問い合わせて，ac.jp ネームサーバの IP アドレスを知る．
④ ac.jp ネームサーバに問い合わせて，tsuyama-ct.ac.jp ネームサーバの IP アドレスを知る．

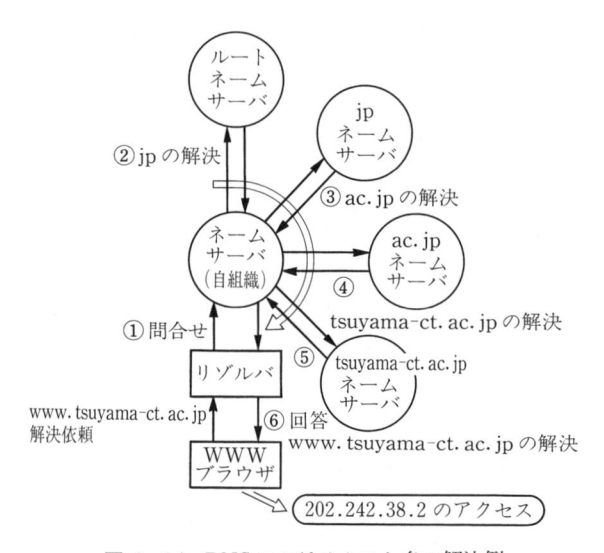

図 8.14 DNS におけるホスト名の解決例

⑤ tsuyama-ct.ac.jp ネームサーバに問い合わせて，www.tsuyama-ct.ac.jp の IP アドレスを知る。

⑥ この IP アドレスをリゾルバ経由で WWW ブラウザに回答し，WWW ホームページのアクセスに利用する。

なお，図 8.14 の名前解決において，2 種類の検索が行われていることに注意しよう。一つは，自組織ネームサーバの行っている検索で，他のサーバへの問合せを繰り返しながら，最終結果を返すもので**再帰**（recursive）**検索**と呼ばれる。これに対して，ルートネームサーバなどは，自分自身の管理しているゾーン情報のみを返しており，これは**反復**（iterative）**検索**と呼ばれる。再帰検索により完全な名前解決の行えるネームサーバは，フルサービスリゾルバ（full-service resolver）とも呼ばれる。これに対して，検索要求だけをだすク

コーヒーブレイク

インターネットのセキュリティ

インターネットは，自由で開放的な情報交換の仕組みです。しかし，自由ということは，悪意を持った者がいたときセキュリティ上の問題を引き起こす可能性が高い仕組みでもあります。不正にコンピュータに入り込まれたり，情報を盗まれてプライバシーが侵されたりと，現実に問題が起こっています。

セキュリティを高めるために，ファイアウォールによる情報の隔離，暗号・認証技術による情報の隠蔽，セキュリティ検査と監視システムなど，いろいろな技術が開発されています。しかし，どんな技術があるか，それをどのように使えばよいかを知らなければ，意味がありません。インターネットに接続するときは，組織のセキュリティポリシーを明確にして，これを利用者に広く知らせるとともに，これを守ってもらう必要があります。

安全性を高めると，自由に行えないことがあったり，面倒な手順を踏まないと使えないなど，どうしても使いにくくなります。なぜこのようなことが必要なのかを理解してもらい，正しい知識に基づいた利用が安全を高めることにつながります。一般の利用者は属する組織の方針に協力し，管理者は技術的な設定だけでなく運用方針の啓発を行わなければなりません。セキュリティの弱いところがインターネット上に一部でも存在すると，そこを踏み台にして不正が行われます。一人一人の利用者が気を付けなければならない問題といえます。

ライアントは，スタブリゾルバ（stub resolver）といって区別する。

上記の手順をそのまま実行すると，ルートネームサーバは世界中の問合せを受けて非常に大きな負荷となる。実際には，**キャッシュ**（cache）と呼ばれる手法を使い，むだな問合せを防いでいる。すなわち，ネームサーバは一度取得した結果を保存しておき，同じような問合せのとき再利用する。最終的なホスト情報だけでなく，途中のネームサーバ情報も利用できる。例えば，図 **8.14** のアクセスの後で www.suzuka-ct.ac.jp を知りたいとき，ac.jp ネームサーバへの問合せから実行することで，アクセスを減らすことができる。

ネームサーバの最も重要な役割は，上で述べたホスト名から IP アドレスの解決（正引き機能）である。しかし，これ以外にもいくつかの情報を提供するような機能を持っている。代表的なものにつぎのようなものがある。

- IP アドレスからホスト名を得る逆引き機能
- ホストに別名を付けるエイリアス機能
- 電子メールの配送先（MX レコード）を回答する機能（**9.1** 節参照）

演 習 問 題

【1】 各自の属している組織において，LAN がどのように使われているかを調べよ。

【2】 CSMA/CD 方式，トークンバス方式，トークンリング方式，FDDI のそれぞれが使われている代表的なネットワークを調べよ。

【3】 各自の属している組織で使われているネットワーク規格を述べよ。

【4】 FDDI では，信号レベルで 125 Mbps の速度を持つのに，情報レベルでは 100 Mbps にしかならない理由を説明せよ。

【5】 インターネット上でなければ実現しにくい利用方法を述べよ。

【6】 各自がインターネットにアクセスできるなら，自分の属するドメイン名を述べよ。

【7】 WWW のアクセス先および電子メールの発送元の IP アドレスを調べてみよ。

9

ネットワークサービス
― インターネットアプリケーション ―

情報通信システムの集大成としてインターネットが急速に普及し，一般の人々の生活にまで影響を及ぼすほどになっている．本章は，インターネット上で利用できる各種のサービスを取り上げる．最も基本となる電子メール，多くの人と議論できるネットニュース，離れた場所のコンピュータを利用する仮想端末，コンピュータ間でデータを転送するファイル転送，世界中の情報を相互につないで閲覧し合うWWWのそれぞれについて，実現のための技術と特徴を説明する．

9.1 電子メール

電子メール（electronic mail）は，インターネットにおける最も基本のアプリケーションである．電子メールは，最初に構築されたARPANETから現在のインターネット，さらには携帯電話を通してまで，最初に利用を始めて，最もよく利用するアプリケーションといえる．電子メールの基本は，インターネット技術を利用して，コンピュータ間で文字ベースのメッセージをやりとりすることにある．このためには，メッセージを読み書きする部分と，メッセージを配送する部分とを準備しなければならない．ITU-Tの電子メールに関するX.400シリーズ勧告では，前者を **MUA**（mail user agent），後者を **MTA**（mail transfer agent）と呼んでいるので，以下の説明ではこの用語を使う．

9.1.1 電子メールの仕組み

インターネット上での電子メール送受信のモデルを図 **9.1** に示す．メッセ

9. ネットワークサービス

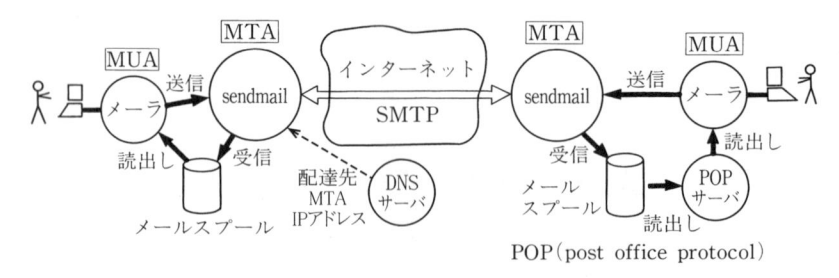

図 9.1 電子メール送受信の仕組み

ージ配送の中心になるのが MTA であり，この代表的なものに sendmail がある。MTA は MUA の依頼によって，配達先の MTA にメッセージを届ける。受け取ったメッセージは，MTA の動作しているサーバ上の特定領域（**メールスプール**）に格納され，MUA から読み出される。MTA 間のやりとりに，**SMTP**（simple mail transfer protocol, RFC 5321）というポート番号 25 を使うメッセージ転送プロトコルを使う。SMTP では，送信 SMTP と受信 SMTP との間で指令と応答をやりとりしながら，最終的にメッセージを送受信するための手順が定められている。また，電子メールのあて先は"ユーザ名@ドメイン名"で指定するので，配達先 MTA の IP アドレスを知るのに DNS の機能を利用している。

電子メールのメッセージ様式は RFC 5322 で規定されており，図 9.2 に代表的な構造の例を示す。ヘッダ部とボディ部とから構成され，すべて 7 ビットの ASCII 文字列で記述される。ヘッダ部は電子メールを正しく転送するため

```
From okada Fri Oct 1 12:00:00 1999
Date：Fri, 1 Oct 99 12:00:00 JST
From：okada (Tadashi Okada)
To：kuwabara@info.suzuka-ct.ac.jp
Subject：Text
Cc：okada
岡田@津山高専です。
シンプルな構造の電子メールを送ります。
===========================================================
        == 岡田　正 ---- 津山工業高等専門学校　情報工学科 ===========
        |   Tadashi OKADA      E-mail：okada@tsuyama-ct.ac.jp   ***
===========================================================
```

図 9.2 電子メールの構造例

の各種フィールドからなり，おもに処理プログラムによって利用される．主要なフィールドの意味は，**表 9.1** のようになっている．

表 9.1 代表的なヘッダフィールドの意味

Date	発信した日時
From	発信ユーザ名
To	送信先のアドレス（複数アドレスや別名の利用可能）
Subject	電子メールの題目
Cc	コピーメールを送るアドレス

ボディ部には実際に伝えたい情報を格納する．使えるのが 7 ビットの ASCII 文字列だけなので，日本語の場合 RFC 1468 で定められた **ISO-2022-JP コード** を使うことになっている．ISO-2022-JP コードは一般に JIS コードと呼ばれているものであり，もとの文字コードがなんであっても通信時には共通の JIS コードに変換される．したがって，送信時に**図 9.2** のボディ部に示す日本語コードがそのまま送られているわけではない．また，ボディ部の最後には，発信者の氏名・所属などをまとめた**署名**（signature）を付けるのがマナーになっている．

電子メールを処理するユーザは，MUA によって上の様式のメッセージを作成したり読んだりする．MUA は**メーラ**（mailer）や**メールリーダ**（mail reader）といい，メールサーバ上やパソコン上で動作する多くの種類がある．いずれのメーラであっても，本文の編集機能に加えて，メールアドレス入力支援，所定様式のメッセージ作成機能などを備え，最終的に所定の送信 SMTP へメッセージを渡す．メーラは送信機能と同時に，電子メールを読む機能を持つ．このとき，メールサーバと同じホスト上で動作するメーラは，メールスプールの内容を直接読み出して処理する．また，メーラがネットワーク接続された別のコンピュータ上にあっても処理できるよう，特別な手順が定められている．最も広く使われているのは，**POP3**（post office protocol-Version 3, RFC 1939）であり，メールサーバ上の POP サーバがメーラの要求に応じてポート番号 110 でメッセージを渡すようになっている．さらに，新しいメール処理プロトコルとして，サーバ側でメッセージ管理のできる **IMAP**（Internet message access protocol，RFC 3501) も使われている（ポート番号143）。

9.1.2 電子メールの機能拡張

電子メールの基本仕様の定められたのは古く，利用環境の進歩や必要とされる機能の高度化に応じた拡張がなされてきた。ここでは，多様なメッセージを扱える **MIME**（Multipurpose Internet Mail Extensions，RFC 2045-2049 など16種類）と，セキュリティに配慮した暗号化電子メールについて取り上げる。

1） MIME　RFC 2822 の規定では，日本語のような ASCII 文字以外のコードを使うことができない。このため，例えば題目や発信ユーザ名に日本語を使えないなど，不便であった。また，文字だけでなく画像・音声といったマルチメディア情報も送りたいという要求が出てきた。これらを満足するよう，多目的な電子メールのために MIME が定められた。MIME は **9.1.1** 項で述べた RFC 2822 に対して上位互換であり，つぎのような拡張がなされている。

- ヘッダに非 ASCII 文字列を挿入可能
- 本文に非 ASCII 文字列・電子メール・画像・音声などを格納可能
- 本文をマルチパートと呼ばれる構造に分け，複数の情報を配送可能

MIME では，RFC 2822 のフィールドに加えて，MIME-Version：フィールドや Content-から始まるフィールドを使う。追加されたフィールドにより，送られているメッセージの符号化方式や本文の構造を指定できるようになっている。符号化方式として，**B 符号化方式**（base 64）と **Q 符号化方式**（quoted-printable）とが定められている。例えば，日本語を利用する場合に使う B 符号化方式で符号化された題目が，

　　Subject：=?ISO-2022-JP?B?GyRCRnxLXDhsQmpMXBsoQg==?=

となっていたものを，MIME に対応したメーラで表示すると

　　Subject：日本語題目

となって，日本語が使えるようになる。また，本文を複数部分に分けることができるので，説明文とともに別のアプリケーションで作成したファイルを添付

することができる。

2）暗号化電子メール　これまで述べた電子メールの本文は，普通の**平文**（plaintext）のままで送られている。悪意を持った第三者が，例えば中継サイトなどで情報を盗んだとすると，機密の漏洩・内容の改竄・発信者の偽造などの危険性が生じる。これらの問題に対処するためには，**暗号化**（encryption）により特定の人にしかわからないような形式に変換して転送する必要がある。

暗号化電子メールの最初の標準仕様として，**PEM**（privacy enhanced mail，RFC 1421-1424）が作られた。PEM ではメッセージの暗号化に，暗号化と復号化に同じ鍵を使う **DES**（data encryption standard）を採用している。共通鍵は秘密にしておくので，鍵管理サーバから証明書を発行することで正当性を保証する。このため，仕組みがかなり複雑でありほとんど普及しなかった。

ユーザが利用しやすい暗号化電子メールとして，その後，いくつかの規格が定められている。公開鍵を使い証明書の発行を必要としない **PGP**（pretty good privacy，RFC 1991）は，電子メール以外にも利用可能な暗号ツールである。PGP では公開鍵の保証をユーザの責任において行い，通信の積み重ねにより鍵の信憑性を高めていく。さらに，MIME の枠組みを使った新しい暗号化電子メールとして，**MOSS**（MIME object security services，RFC 1847/1848）と **S/MIME**（secure/MIME，RFC 2311-2315）とがある。いずれも，MIME のマルチパート機能を使って，暗号化された情報を埋め込んで送信する。

9.1.3　電子メールの特徴

電子メールは，手紙や電話などの従来の情報交換手段にない特徴を持っている。まず，送信したメッセージは非常に短い時間で相手に届く"**即時性**"がある。それでいて，電子メールはいつ出してもよく，出したメールは受け取り側のコンピュータに蓄えられていて，いつ読んでもよくなっている（**蓄積交換**）。

送り手と受け手が相手の状態に関係なくメッセージを処理できるので，**"非同期性"** を持つ交換方式である。また，同一メッセージを同時に複数の相手に送信できる **"同報性"** に優れている。

電子メールの読み書きは，コンピュータ処理と直結しているので，通信内容を電子的に保存できる高い **"記録性"** を持つ。コンピュータ上の他のアプリケーションで作成した画像・音声など，文字以外のマルチメディア情報も送信できる **"データ添付"** が容易である。また，受け取ったメッセージを加工してほかに送信できる **"加工性"** と **"転送性"** に優れている。

このように電子メールは，多くの優れた性質を持つ情報交換手段である。しかし，その仕組みの単純さを悪用されると，差出人を詐称されたり，コンピュータウイルスを添付されたり，広告・勧誘の**迷惑メール**を送りつけられたりと，いろいろな社会問題を引き起こすことになる。望まない電子メール[†]を大量に送りつけられ必要なメールを見逃すとか，不用意に添付ファイルを開いたためにウイルスに汚染されたとか，便利さの背後に潜む問題にも目を向け，被害に遭わない，拡大させない対応とともに，技術的な仕組みを構築する必要がある。

9.1.4 メーリングリスト

電子メール機能を使うと，複数のユーザに同じ内容の電子メールを簡単に送ることができる。複数のユーザを登録した仮想のメールアドレスを設定し，そのアドレスあてに電子メールを配信するだけである。登録した人々の間で同じ情報を共有できるこのようなサービスを，**メーリングリスト**（mailing list）と呼んでいる。

メーリングリストの簡単なものは，メールサーバの備えている**別名**（alias）機能を使い，配信したい複数ユーザを登録することで実現できる。こ

[†] 受け取り手の意思を無視して送りつけられる迷惑メールを，宣伝・勧誘などの商用目的から UCE（unsolicited commercial e-mail）とか，大量に送られることから UBE（unsolicited bulk e-mail）といったり，大量かつ執拗に送られることからスパム（spam）メールとも呼ばれる。

の機能は，あるグループにいっせいに連絡を取るためや，最新ニュースを自動的に届けてもらう**ニューズレター**（newsletter）の購読のために使われている。ニューズレターの配信では，これを管理する別のサーバが存在する。ここに参加申込みの電子メールを送信すると，ユーザの電子メールアドレスをリストに追加し，サービスが始まる。

さらに高度なサービスとして，ユーザが情報を発信できるメーリングリストがある。この場合，独立した**メーリングリストサーバ**が存在し，ユーザの登録と認証，記事の保管など管理を行う。メーリングリストサーバの第一の役目は，ユーザ登録の管理を行い，正規のユーザからのメールを再配送することにある。これ以外にも，

・記事に番号をつけて蓄えておく。
・過去の記事を見たいという要求があれば，登録ユーザに送り出す。
・要求に応じて，目的や使い方を自動的にメールとして知らせる。

などといったことも行えるようになっている。

登録ユーザの誰かがメーリングリストサーバへ電子メールを送ると，サーバは受信したメールを全登録ユーザへいっせいに自動で転送する。これによって，登録者全員の間で情報を共有したり特定の話題についての議論が進む。このようなメーリングリストは目的を明確にして運用されており，これに賛同したり興味を持った人が参加している。たくさんの公開されたメーリングリストが存在するので，興味のもてる話題を見つけるとよい。

9.2 ネットニュース

電子メールは基本的に1対1のコミュニケーション手段である。これに対して，**ネットニュース**（NetNews，電子ニュース）では，多くの人々との間でメッセージ（記事）を交換でき，1対多のコミュニケーション手段を提供する。意見を述べたり議論をする分野を**ニュースグループ**（Newsgroups）といい，このグループごとに記事を整理し管理する。ネットニュースは，インター

ネットにおける BBS (bulletin board system) の機能を果たしている。

ネットニュースで記事が配送される仕組みを，図 **9.3** に示す。インターネット上には多数のニュースサーバが存在しており，各ニュースサーバは特定領域（ニューススプール）に記事を蓄えている。記事にはインターネット内で一意な **ID**（記事 ID）がついており，隣接ニュースサーバ間でたがいに交換し合うことで配送される。記事を交換し合うとき，自分の持っていない記事をもらい，相手の持っていない記事を送っている。このようなバケツリレー式の配送方式が，単一のサーバがすべての記事を管理するパソコン通信の BBS や WWW の掲示板との本質的な違いである。したがって，ニュースサーバごとに，読むことのできるニュースグループや記事の数と順序が異なっている。

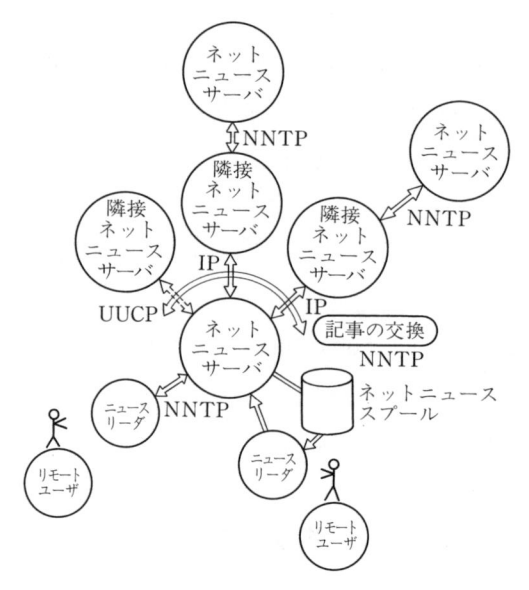

UUCP (Unix to Unix copy)
NNTP (Network News Transfer Protocol)

図 9.3 ネットニュース配送の仕組み

ニュースサーバ間で記事を転送したり，ユーザがネットニュースの読み書きを行うのに，ポート番号 119 の **NNTP** (Network News Transfer Protocol,

RFC 977) というプロトコルを用いる。ネットニュースシステムを利用するためには，NNTP に基づいたニュースサーバと，ユーザが記事を読み書きするためのニュースリーダを準備する必要がある。ニュースリーダには，ニュースサーバ上で記事ファイルを直接処理するものや，ネットワーク経由で NNTP を使って処理するものがある。いずれの場合でも，ニュースグループと記事 ID を指定して記事を読んだり，新たに記事を投稿したりという，多くの機能を持っている。こうしたネットニュースの処理において，つぎの用語が使われ，他の情報交換に流用されているものがある。

- ポスト (post)：記事を投稿すること
- クロスポスト (cross-post)：複数の分野にまたがる話題を複数のニュースグループに投稿すること
- フォロー (follow)：ある記事に対する意見などを投稿すること
- リプライ (reply)：ニュースの記事としてではなく，電子メールで意見を伝えること
- キャンセル (cancel)：投稿した記事を取り消すこと

ネットニュースの記事の形式（RFC 1036）は電子メールによく似ている。From, Subject, Date などは，**9.1.1** 項で述べた電子メールと同じヘッダフィールドを持つ。違いのおもなものは，あて先（To）の代わりに投稿するニュースグループを指定することや，つぎのようなネットニュース固有のフィールドを持つことである。

- 返事を投稿すべきニュースグループを指定する Followup-To フィールド
- 記事の配布範囲を指定する Distribution フィールド

ネットニュースで扱う情報は，技術的・専門的な分野から教育・娯楽・生活や冗談まで，非常に広範にわたっている。これらを適切に扱えるよう，インターネット上には多数のニュースグループが存在している。代表的なトップニュースグループに，

- fj (from Japan)：おもに日本語の記事が投稿されるニュースグループ
- comp：コンピュータの話題に関するニュースグループ（海外）

- rec：趣味の話題に関するニュースグループ（海外）

などがある。これらは開かれたニュースグループであるが，地域レベルや特定組織間のニュースグループ，また組織内のローカルなニュースグループなど，配布範囲の限定されたものもある。ニュースグループは階層的に管理されており，階層ごとに'.'で区切って表す。ニュースグループ名は左から右にいくほど，そのグループの内容が具体的になる。例えば，fj.engr.elec は，fj のなかの各種工学分野（engr）の中の電気・電子工学（elec）について扱うニュースグループを意味する。なお，多数のニュースグループがあっても，利用可能なニュースサーバに記事が届くように設定されていなければ読めないのは，先に述べたとおりである。

ネットニュースの記事は，多くのサーバに長時間蓄積されて多くの人の目に触れる。また，参加者が各自の責任で運営を分担している。このため，参加者はたがいに秩序を維持する努力をし，メッセージの質を保つよう心がける必要がある。個人の立場から利用する上での注意をあげると，つぎのようなことがある。この注意は，ネットニュース以外で意見表明を行うときでも適用できるものである。

- テスト投稿はローカルのテスト用ニュースグループを使う。
- 文字コードには電子メールと同じ JIS コードを使い，基本的にテキストのみの本文とする。
- 投稿する内容にふさわしいニュースグループを選ぶ。投稿しようと思うグループの記事をしばらく読んで雰囲気を知るとよい。
- メッセージを引用して投稿する場合，必要最小限の引用にとどめる。
- いったん投稿したメッセージをキャンセルのための制御メッセージで削除できるが，転送やサーバに負担がかかるので，キャンセルしなくてよいよう十分考えて投稿する。
- 意見が異なるからといって他人を誹謗中傷しないことはもとより，一時の感情で意見を述べたりしないで，後々まで責任のとれる内容となるよう心がける。

9.3 仮想端末

インターネットに接続されたコンピュータは，別の場所からでも容易に利用できる．この目的に使われるTCP/IP上のプロトコルに，ポート番号23を使う**TELNET**（telecommunication network protocol, RFC 854）がある．TELNETにより，ユーザが他のコンピュータにリモートログインし，会話形アクセスのための**仮想端末**（virtual terminal）**機能**を実現できる．TELNETは，実際にアクセスするとき使うコマンド名としても使われている．

TELNETは，ローカルホスト（ユーザの位置するコンピュータ）とリモートホスト（遠隔コンピュータ）との間に，TCPによるコネクション形の接続を実現する．ユーザがリモートホスト名を指定してTELNETアプリケーションを起動すると，リモートホストからログイン名とパスワードを聞いてくる．正しく入力すると，コネクションが確立され切断するまで維持される．この状態で，ユーザ端末からのキー入力がリモートホストに送られ，リモートホストからの出力がユーザ端末に表示されるので，ユーザはリモートホストを直接使っているように見える．

リモートホスト名の指定にドメイン名が使えるので，ローカルホストがインターネットを直接アクセスできれば，インターネット上の任意のホストに接続可能である．実際に利用するためには，リモートホスト側のアカウントが必要である．一部の電子図書館やデータベースサーバでは，ログイン名なしや公開されたログイン名で利用できるようになっている．このような公開サービスを使えば，居ながらにして蔵書検索やデータ検索機能を利用できる．

TELNETによる仮想端末機能では，やりとりされるデータはなんの加工もされないので，簡単に盗み見られてしまう．このため，インターネットのような公開されたネットワーク上で安全な通信を行うため，ポート番号22を使い暗号化して通信を行う**SSH**（secure shell）が開発されている．SSHはTELNETと同様の仮想端末機能に加え，ローカルホストの特定ポートに送られて

きたデータを，リモートホストの特定ポートに送信するという**ポートフォワーディング**（port forwarding）**機能**を持ち，安全かつ多機能な仕組みとなっている。

SSHの暗号化通信は，*3.4.2*項で述べた**公開鍵暗号方式**を使って実現されている。各ホストはSSHインストール時に公開鍵と秘密鍵を作成しており，初めて接続してきたホストに対し公開鍵を渡す。渡した公開鍵を使って暗号化したデータのやりとりを行い，正しい鍵を持つ正当なホストかどうか確認できる（ホスト認証）。ホスト認証が終わると，以後の通信で暗号/復号を行うための共通鍵を作り，処理時間の短い共通鍵暗号方式による通信に移る。続いて，TELNETと同様のパスワードによるユーザ認証が行われる。このとき，暗号化してパスワードの送受信が行えるだけでなく，ホスト認証に似たユーザ単位の公開鍵暗号方式が利用できるようになっており，ユーザ認証も安全性が高まっている。

9.4 ファイル転送

TCP/IPベースのネットワークでファイルを効率よく転送するのに使われるプロトコルに**FTP**（File Transfer Protocol, RFC 959）がある[†]。TELNETと同様にコネクション制御にTCPを使っており，TELNETの機能の一部を使って最初の接続制御を行っている。FTPもプロトコルの名前であるとともに，コマンド名としても使われている。

TELNETと同様にリモートホスト名（ドメイン名）を指定してFTPコマンドを起動すると，ログイン名とパスワードを聞いてくる。正しく入力すると，ファイル転送可能なコネクションが確立される。接続後はいくつかのサブコマンドを使いながら，作業を進める。例えば，必要なディレクトリへ移動（cd）してファイル名を表示（ls）させ，ファイルを手元に取り寄せ（get）た

[†] FTPは，データ転送用の20番と制御用の21番と二つのポートを使ってファイルを転送する。

り，手元のファイルをリモートホストに送る（put）ことができる。

FTPにおいても，インターネット上に公開された膨大な情報を，アカウントがなくても取り寄せるための仕組みが準備されている。公開されたログイン名を使う**匿名**（anonymous）**FTP**（RFC 1635）である。ログイン名としてftpまたはanonymousを，パスワードとして自分の電子メールアドレスを，それぞれ入力することで正規のアカウントを持たなくても誰でも自由にファイルを持ってこれるサーバが存在する。このようなサービスを行っているサーバには，フリーソフトウェア・公式文書・質疑応答集（Frequently Asked Questions：**FAQ**）などの無料で利用できるファイルがおかれている。

匿名FTPで入手できるファイルは膨大なものになるので，望むファイルの存在場所を知る手段が必要である。このサービスを提供するシステムに**アーチ**（Archie）がある。Anonymous FTPサーバが所有するファイルのリストを，一定の様式でデータベース化して保有するアーチサーバが運用されている。このサーバに対して，必要とするファイルを指定して検索すると，どこにあるかを教えてくれる。検索を行う方法として，①サービスを行うサーバにTELNETで接続して，②アーチ検索用クライアントを使って，③電子メールを使って，という三つが提供されている[†]。

9.5 WWW

WWWは，インターネット上であらゆる情報を相互に参照し合える仕組みで，スイスの欧州素粒子物理学研究所（Conseil European pour la Recherche Nucleaire：CERN，その後European Laboratory for Particle Physicsに名称変更）で開発された。世界中の知識や情報を独立に分散配置したままで，関連した情報に相互に関係をつけた意味ネットワークを作ることができる。すなわち，世界中のコンピュータで提供されるサービスを自由に呼び出して，マル

[†] 最近では，WWWを使ってFTPサーバをアクセスすることが多くなった。

チメディアを含む情報を自由にやりとりする仕組みを作ったのが WWW といえる。

WWW の動作は，図 **9.4** に示すようなクライアント-サーバモデルを基本としている。クライアントである **WWW ブラウザ**（browser）が必要とする情報を指定し，その情報を保持している **WWW サーバ**に転送要求を出す。

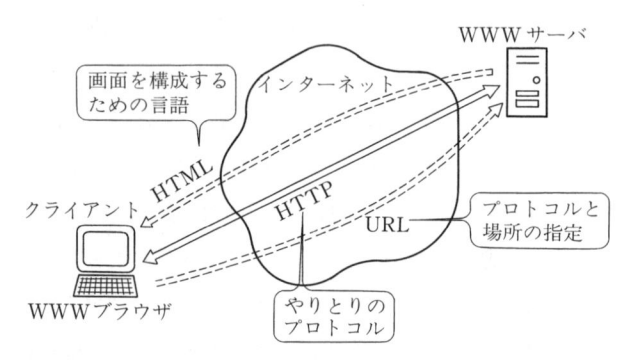

URL（uniform resource locator）　HTML（hyper text markup language）
HTTP（hyper text transfer protocol）

図 **9.4**　WWW の仕組み

WWW サーバは要求された情報を返送し，ブラウザは送られてきたデータを構成してユーザに提供する。この一連の動作を行うために，場所とアクセス方法を指定する URL，クライアントとサーバとの通信プロトコルである HTTP，転送するデータの表現言語である HTML という，三つの取り決めが使われている。

1）　**URL**（uniform resource locator，RFC 3986）[†]　　インターネット上の資源をアクセスするための，アクセス方法と場所との表現形式である。一般的な形式は，

　　アクセス方法：//サーバ名称［：ポート番号］/パス名

[†] RFC 3986 は，URI（uniform resource identifiers）に関する文書である。現在では，WWW の資源を識別する手段を URI とよび，http:, ftp:, urn: などのスキーム（scheme）が存在する。URL は URI のうち，おもなアクセス手段を識別法とするものを指す非公式な概念とされている（RFC 3305）。

となる。アクセス方法には，WWW 用の後述の HTTP 以外に，つぎのようなさまざまなものを指定できる。

- 蓄積されたファイルを取り寄せる FTP
- 検索も行えるクライアント機能を持った WAIS（wide area information service）
- 複数のサーバを移動しながら情報を検索できる Gopher
- ネットニュースサーバを利用する news
- コンピュータ上のファイルをアクセスする file

サーバ名称としてドメイン名を使用でき，世界中のどのホストでも指定できる。ポート番号は，各サービスごとの標準ポート（HTTP の 80，FTP の 21 など）以外を使うとき指定する。

2） HTTP（hyper text transfer protocol, RFC 2616）

WWW サーバと WWW ブラウザとの間の情報転送用プロトコルでポート番号 80 を使う。転送する情報はつぎで述べる HTML で書かれており，通常の文書でなく**ハイパーテキスト**（hypertext）である。ハイパーテキストは，通常の文字情報（テキスト）に，関連情報へのリンクをつけて拡張した文字情報である。WWW のハイパーテキストでは，別のサイトにあるページにリンクしたり，画像・音声などのマルチメディア情報を呼び出したりする。したがって HTTP は，関連づけられた情報をつぎつぎに呼び出したとき，効率よく転送できるよう考慮したプロトコルとなっている。

3） HTML（hyper text markup language, RFC 1866）　　HTML は，**SGML**（standard generalized markup language）という文書処理のための言語（ISO 規格の 8879-1986）をもとにして，画面表示に特化した言語となっている。文字・画像などの多様な情報を一つの画面に表示できたり，インターネット上のさまざまな情報源にアクセスするための情報を埋め込むことができる。SGML も HTML も，文書の論理的構造と意味とを決められたマークを使って記述する。HTML では，このマークを**タグ**（tag）または**エレメント**（element）といい，〈〉で囲んで表す。例えば，

・HTML文書であることを示すのに，〈HTML〉と〈/HTML〉とで囲む
・リンク先を埋め込むのに，〈A href="http：//www.tsuyama-ct.ac.jp"〉津山高専ホームページ〈/A〉のようにアンカタグで囲む

などというように，〈tag〉〈/tag〉で文字を囲むのが基本となっている。

HTMLは簡単な文法でいろいろな情報を表現でき，文字の転送を基本としているのでネットワーク負荷を小さくできる。しかし，**W3C**[†]（The World Wide Web Consortium）の定める正式仕様において新しいバージョンが追加

コーヒーブレイク

ネチケット

インターネットは地理的・時間的制約のない開放的な情報交換の手段を提供しています。自分のもつ情報を簡単に公開でき，誰とでも自由に意見交換を行える新しい情報メディアです。しかし，文化的背景や生活習慣の異なる人々が，いきなり限られた電子的情報のみで接触すると，思わぬ誤解を与えたり予期しないトラブルに巻き込まれることがあります。インターネットを利用するには，これまでの情報交換メディア以上に，相手のことに気を配る必要があるのです。

インターネットを利用する人々が守るべき倫理的な基準を，**ネチケット**（Netiquette）と呼んでいます。ネットワークエチケット（network etiquette）を一語にまとめた言葉です。一人一人が自分の行動に責任を持ち，他人に迷惑をかけないことが原則です。例えば，メッセージを伝える相手は，感情を持った人間であることをつねに意識し，面と向かっていえないことを電子メールで書いてはいけません。また，自分が重要だと思っても，相手がそう思うとは限りません。自分が誰に向けて書き込もうとしているのかを考え，相手の反応に過度の期待を持たないことも必要です。事前に十分な勉強をしておき，言葉や文法を正しく使い，誰にでも理解してもらえるようにしなければなりません。

ネチケットでいわれていることは，インターネットの世界においても，道徳や法律を守るといった普段の生活で行っているのと同じ行動の基準に従うことにつきるのです。社会生活におけるのと同様に，他人を思いやり自分の行動に責任を持たなくてはいけません。個人の力量を高めて，インターネット社会に対して，貢献できるよう努力したいものです。

[†] W3C（WWW Consortium, http://www.w3.org/）は，WWWで利用されるさまざまな技術標準を定め，関連する技術仕様書を管理・勧告している。

されている上に，独自の拡張タグを持ったWWWブラウザが使われている。このため，使われているHTMLバージョンとブラウザとの組合せによって，作成者の意図と違った見え方をすることがある。正しい知識を持って，誤りのない誤解を与えないWWWページ（Webページ）を記述する必要がある。

HTMLで表現できることには限界があるので，3次元グラフィックスを表現できる**VRML**（virtual reality modeling language）などの言語を併用することがある。さらに，**CGI**（Common Gateway Interface）や**SSI**（Server Side Include）によって，WWWサーバの外で生成した情報をブラウザに送る仕組みもある。これによって，アクセスのたびに異なった情報を表示できる動的なページを作ることができる。動的ページの作り方として，JavaアプレットやActiveXコントロールなどの命令をサーバから送り，WWWブラウザ上で実行することもできるようになった。このため，WWWによって複雑なクライアント-サーバシステムを構築できるようになり，分散オブジェクト技術の汎用的な環境となっている。

ただ，本格的な分散処理を行うためには，情報の構造を正しく伝えなければならないのに，HTMLでは機能不足である。このため，情報の構造を正確に表現できるドキュメント記述言語として，**XML**（extensible markup language）が策定されている。これによって，WWWブラウザ上でデータベースとの連係動作・情報選択などの自律的な処理を実行できるようになる。このためには，HTML文書をXML処理系で統一的に扱う必要があり，HTMLをXMLに合うよう定義し直した**XHTML**（extensible hypertext markup language）がW3Cにより策定されている。

演 習 問 題

【1】電子メールを受け取ったことがあれば，そのヘッダ部を取り出して解析してみよ。特に，組織外から届いた電子メールであれば，どのような経路で転送されているかを調査せよ。

【2】ネットニュースの読める環境であれば，記事のヘッダ部分を取り出して，電

子メールのヘッダ部との違いを検討せよ．

【3】各自の利用できるメーラとニュースリーダの機能を調べてみよ．

【4】TELNET と FTP で，どの部分を共通に利用しているかを調べよ．

【5】Web ページを閲覧できる環境なら，見ているページのソースを表示させて，どのようなタグが使われているかを調べよ．

【6】最近の Web ページ作成では，アクセスビリティ（accessibility）の重要性がいわれている．この意味を調べよ．

10

ATM とマルチメディア通信

　ディジタル化された情報通信の普及が進むと，動画・音声・データなどマルチメディア情報を，より高速で効率的に転送したいとの要求が高まってきた。これを実現するものとして，**B-ISDN**（broadband integrated service digital network）が考えられている。本章は，超高速なマルチメディア通信のインフラストラクチャとしての B-ISDN と，この基幹技術である**非同期転送モード**（asynchronous transfer mode：**ATM**）とを取り上げる。また，高速ネットワークを前提としたマルチメディア通信の応用例について述べる。

10.1 B-ISDN と ATM

　5章で述べた ISDN（N-ISDN）は，1.5 Mbps（日本）や 2 Mbps（欧州）までの速度でしか伝送できず，情報処理と通信を融合した利用者の国際化した多様な要求に十分に対応できない面を持つ。このため，高速性・高機能性・柔軟性・国際性などの特性を備えた国際標準を作る動きが，旧 CCITT の SG（study group）XⅧで始まった。その後の組織改正を受けて，ITU-T の SG 13 が作業を引き継ぎ，B-ISDN として，各種の標準規格の勧告がなされている。B-ISDN は，この上で実現される機能やサービスを規定するものであり，光ファイバネットワークを前提に，大容量化・高品質化・大規模化に適合するよう作られている。その必要性と特徴を，①高速性，②高機能性，③多重化系列の観点から整理して述べる。

10. ATMとマルチメディア通信

10.1.1 高速化と B-ISDN

情報通信システムに対する高速化の要求はますます高まっている。データ系では高速処理コンピュータ，LAN間接続，マルチメディアデータベースなど，非データ系では高品位の音声情報・テレビ会議・**ハイビジョン**を含むビデオ動画などと，高速通信の必要な新しいメディアが登場し，利用する分野が広がっている。これらの通信では，図 **10.1** に示すように，Mbps から Gbps 程度の転送速度で数分から数時間にわたる複数のトラフィックを収容しなければならない。

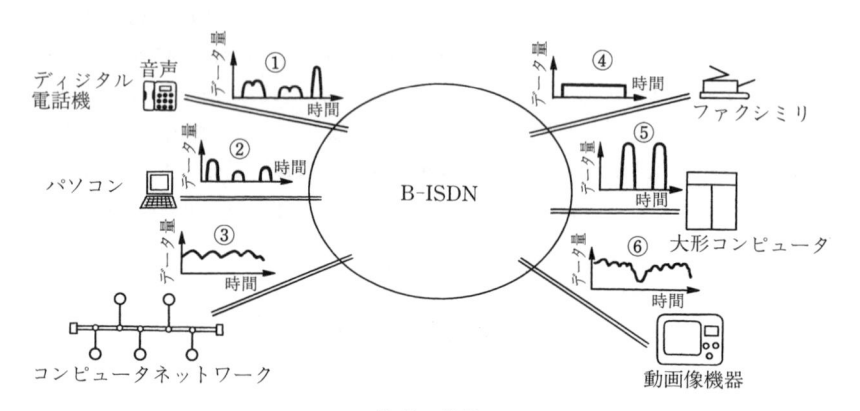

情報の特徴

	データ量	発生形態	持続時間
①	中	間欠的	数分～数時間
②	変化	間欠的	
③	大	連続的	常時接続
④	中	連続的	～数十分
⑤	大	バースト的	
⑥	非常に大	連続的	～数時間

図 **10.1** B-ISDN で扱う情報と性質

従来の ISDN は，銅線を使った 64 kbps を基本としたもので，上記の高速通信要求に十分に対応できない。新しい B-ISDN は，1次群速度（後述）以上の伝送速度の可能な通信チャネルを必要とするサービスあるいはシステムを

提供するネットワークとして規定されている．ユーザ側で 155.52 Mbps と 622.08 Mbps という高速なインタフェース速度を使うとともに，中継伝送路でも 155.52 Mbps を基本ビットレートとした高速化が図られる．光ファイバによる通信を基本に，将来の高速通信要求にも対応できるものとなっている．

B-ISDN では多様な情報を一元的に扱う．このため，通信速度を高速にするというだけでなく，情報の発生が連続しているか間欠的か，伝送時の情報量が一定か変化するかという，さまざまなトラフィック特性を持つ情報を収容できなければならない（図 *10.1*）．

このような多様な情報を効率よく伝送するため，従来の同期的な **STM** (synchronous transfer mode) から，非同期的な **ATM** という新たな伝送技術が採用された．STM では回線やパスの容量が固定されているので，情報のビットレートをネットワークに同期させなければならない．このため，多重化して伝送する場合に柔軟性に欠け非効率である．これに対して ATM では，すべての情報をセルと呼ばれる小さな単位に分けて伝送する．情報のビットレートは単位時間当りのセル数で決まり，ネットワークから自由に設定できる．すなわち ATM は，回線交換による効率的な同期通信と，パケット交換による柔軟性の高い非同期通信とを融合し，性質の異なる情報を柔軟かつ効率的に伝送できる方式である．ATM については，*10.2* 節で詳しく述べる．

B-ISDN は，光ファイバや ATM という新しい技術を導入し，実際の実装技術や具体的な形式から独立した機能とサービスを定めている．このため，N-ISDN を包含しながら，将来の通信要求に耐える超高速なマルチメディア通信のインフラストラクチャと位置付けられる．

10.1.2　B-ISDN の高機能性

B-ISDN は**マルチメディア通信**であり，各種の情報通信メディアを統合して同一通信系で処理するとともに，情報処理と情報通信とを融合して多様なサービスを提供できるよう考慮されている．

まず，ユーザの個別的で多様な要求に対応できる機能を付加できるようにな

っている。例えば，ATM の**仮想チャネル**（virtual channel：VC）**機能**（後述）を使うと，特定ユーザ間で仮想的な専用ネットワークを構築する **VPN**（virtual private network）を容易に実現できる。また，B-ISDN の規定は，有線・無線の通信メディアから独立した情報伝達機能を実現できるようになっている。各種通信メディアを包含した**ミックスドメディア**（mixed media）を構成し，ユーザがどこにいても通信が可能となる。こうした高機能な通信を安全かつ安定に運用するため，高度で統一的なネットワーク運営・制御・管理機能として OAM（operation, administration and maintenance）も定められている。

これらのことを通して，B-ISDN の提供するサービスは高機能性と柔軟性の特徴をもつ。B-ISDN の規定するサービスには，情報を双方向に伝送する**対話形サービス**（interactive service）と，情報が一方向に伝送される**分配形サービス**（distribution service）とがある。対話形サービスでは，

① ユーザ間でリアルタイムに情報をやりとりする会話形サービス
② ネットワーク内の情報処理機能を通してメッセージをやりとりするメッセージ形サービス
③ ユーザのセンタへの問合せ・検索とそれに対する応答からなる非対称の検索サービス

の三つに，分配形サービスでは，

① 通常の放送を通信ネットワーク上で実現するユーザによる情報表示制御のない分配形サービス
② 受信開始や順序を制御可能なユーザによる情報表示制御のある分配形サービス

の二つに細分化されている。

10.1.3 B-ISDN の多重化系列

ディジタル通信では，多数の信号を多重化して伝送・交換する。多重化を一気に行うのは現実的でなく，何回線かを集めて多重化し，多重化した信号を集

めてさらに多重化することで，高度な多重度を得ている．このような多重化の階層的な系列を**ディジタルハイアラーキ**（digital hierarchy）という．

　従来のディジタルハイアラーキは，**PDH**（plesiochronous digital hierarchy）と呼ばれており，図 **10.2** に示すような階層からなる．日本では，電話音声の 1 チャネルに相当する 64 kbps を 24 チャネルまとめて多重化し，これに多重信号の先頭を示す 8 kbps の信号を加え，1.544 Mbps を 1 次群速度として PDH の基本としている．北米と欧州では日本と異なる階層化を行っており，国際的に三つの系列が標準化されている．PDH は経済的なディジタル多重化方式として，長い間の利用実績があるものの，多重化の際に生じるパルスのずれを調整するスタックパルスを必要とする（このため，非同期網または独立同期網という）．また，制御信号用ビットの不足やディジタル交換機での処

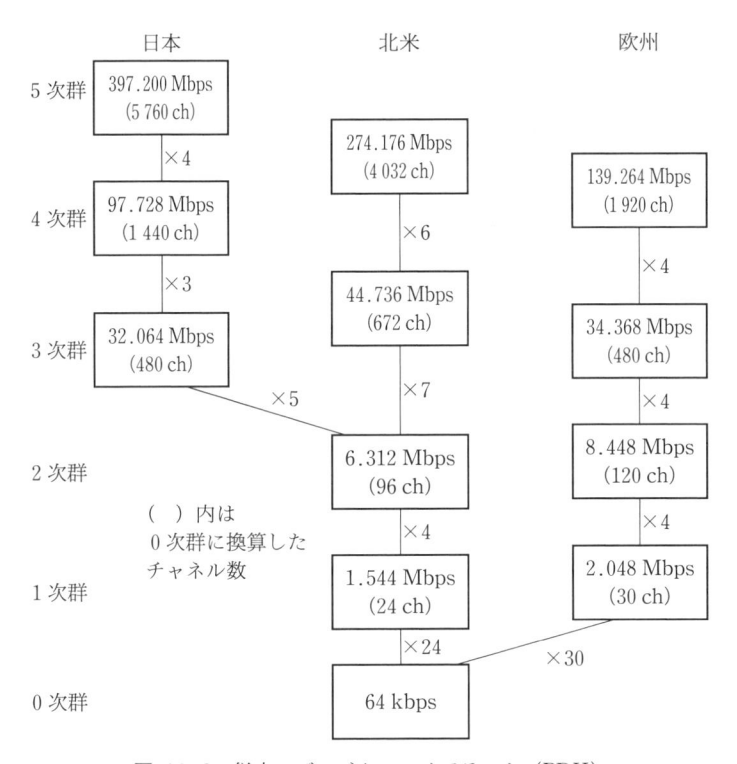

図 **10.2**　従来のディジタルハイアラーキ（PDH）

理に適さないなどの問題もある。

　B-ISDN では，多重化に適するようネットワーク全体を同期化しておき，ビットレートを各階層で正確に合わせている。光ファイバを前提とした国際的に統一された新しい同期網のディジタル階層を **SDH**（synchronous digital hierarchy）という。図 **10.3** に示すように，日本・北米の 1.544 Mbps と欧州の 2.048 Mbps とを統合し，155.52 Mbps を基本ビットレートとし **STM-1**（synchronous transport module-level 1）と呼ぶ。この n 倍（n は 4 の倍数）の速度を STM-n として STM-4（622.08 Mbps）・STM-16（2 488.32 Mbps）などを，ネットワーク交換機などを接続するためのネットワークノードインタフェース **NNI**（network node interface）の国際統一規格として定めている。

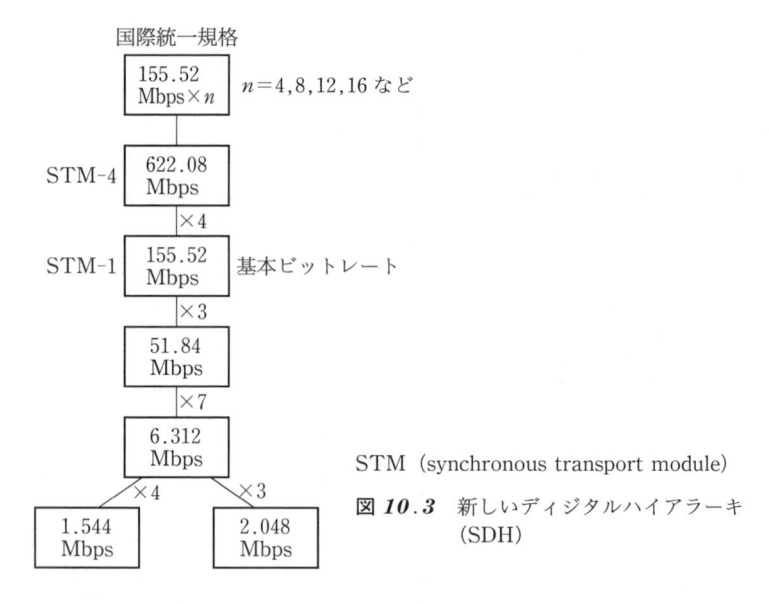

図 **10.3** 新しいディジタルハイアラーキ（SDH）

　B-ISDN のユーザインタフェース速度として，高次群の 155.52 Mbps と 622.08 Mbps とを使うことになっており，北米地区の **SONET**（synchronous optical network）では，前者は **OC-3**（optical carrier level 3），後者は OC-12 と呼んでいる。既存のハイアラーキの情報も，新しい規格に収容できる。

例えば，日本の PDH 1 次群速度 1.544 Mbps を STM-1（OC-3）に収容する方法の概要を図 **10.4** に示す．このように，いくつかの標準コンテナを準備しておき，これらに適切なビットレートの信号を入れることで新しいディジタルハイアラーキに対応できる．

```
                                コンテナに収容するため
                                余分な信号を加える

                          9バイト   18バイト  81バイト
                          加える    加える    加える
                            ↓        ↓        ↓
 日本（北米）
 PDH  1次群
        ┌─────┐        ┌─────┐        ┌─────┐        ┌─────┐
        │VC-1 │──×4──→│     │──×7──→│VC-3 │──×3──→│STM-1│
        └─────┘        └─────┘        └─────┘        └─────┘
```

VC（virtual container）
STM（synchronous transport module）

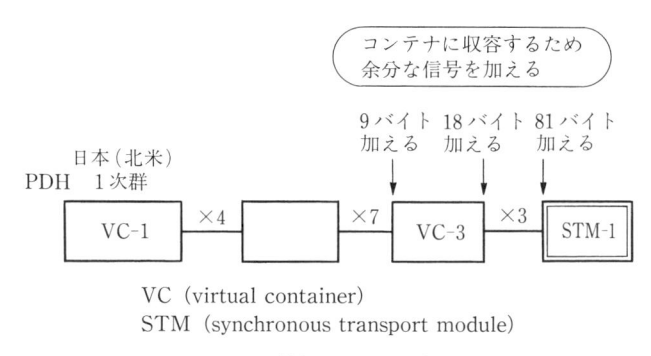

図 **10.4** PDH の情報を SDH へ多重化する方法

10.2 ATM

ATM 交換方式の検討は，公衆回線用として旧 CCITT から始まった．その後，プライベートネットワークにも適用できるよう ATM Forum が業界標準を，インターネットとの接続について IETF が事実上の標準規格を，それぞれ検討している．これら三つの組織はたがいに矛盾のない規格となるよう相互に連絡を取り合って，LAN から WAN にわたる継ぎ目のない（seamless）接続を目指して活動している．

　ATM は，高速通信路を前提に，速度の異なる情報であっても自由に転送できるよう非同期な転送モードを実現する．ネットワーク内の同期的転送に適した回線交換と多機能性を有する非同期的なパケット交換を融合し，これらの長所をうまく取り入れることで，速度の大きく異なるマルチメディア情報を高速でしかも効率よく転送できる．

10.2.1 ATM 伝送の特徴

ATM では，すべての伝送情報を情報メディアや伝送速度によらず固定長の**セル**（cell）に分割して伝送する．伝送系はセル長でスロット化され，伝送機能をできるだけハードウェア化して高速化を図る．伝送単位が固定長のセルなので，ネットワーク内での誤り制御やフロー制御などを最小限にとどめ高速化できる．セルから見ると，パケット交換のように同期的で高速な伝送が行われる．一方，伝送情報から見ると，情報速度に応じて必要数のセルを発生し，各種情報のセルをラベルで識別しながら非同期方式で多重化しており，回線交換に近い透過的な伝送が行える．

伝送・交換の単位となるセルは，53 オクテットの固定長のデータブロックである．伝送・交換制御用の情報を格納するヘッダ部（5 オクテット）と，伝送情報を格納する情報フィールド部（48 オクテット）からなる．セルを使って異なる速度の情報を転送する例を図 **10.5** に示す．通信要求に応じて単位時間当りのセル数を調整することで，ネットワークのもつ容量を適切に分配可能である．一定速度で転送する **CBR**（constant bit rate）と可変速度で転送する **VBR**（variable bit rate）とを，同一伝送路で実現できる．また，すき間なく情報を埋め込めるので回線収束効果が高く，高い効率性やスループット特性が期待できる．

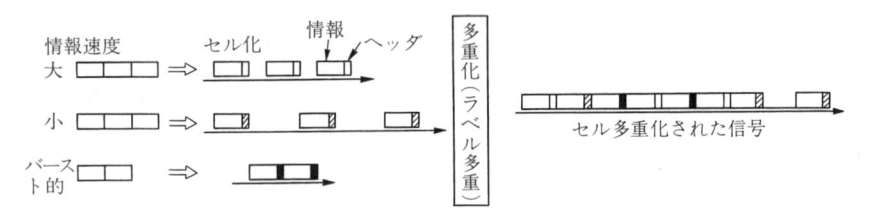

図 **10.5** ATM による伝送

なお，トラフィックが増えたときに，ネットワーク内部のトラフィックふくそうや交換機の内部ふくそうのため，処理能力を超えるとセルの廃棄と損失が発生することがある．このような状態にならないよう，トラフィック全体の制

御が重要である．また，トラフィック間干渉により，転送遅延時間に揺らぎ (jitter) を生じる可能性もある．こうした問題点はあっても，これまでの通信系に比べて十分優れた特性を持つため，多種多様な通信トラフィックに対して，効果的なネットワーク伝達機能を可能にしており，LAN にも適用されたことがあった．

10.2.2 ATM 伝送網のプロトコル

ATM 伝送網のプロトコルを説明するために，LAN に適用した場合の単純化したモデルを図 10.6 に示す．OSI 参照モデルと対比させれば，第 1 層に相当する部分が主で，第 2 層相当部分とのインタフェース規格が含まれる．各階層の意味と役割を述べる．

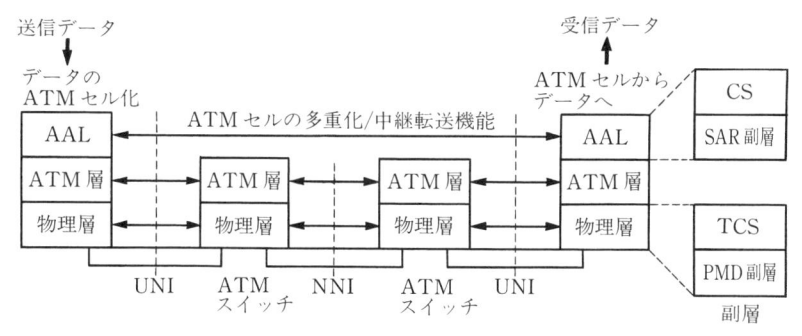

AAL（ATM adaptaion layer）
CS（convergence sublayer）
SAR（segmentation and reassembly）
TCS（transmission convergence sublayer）
PMD（physical medium dependent）
UNI（user network interface）
NNI（node network interface）

図 10.6　ATM 伝送網のプロトコル階層

〔1〕 **AAL（ATM adaptation layer）**　ATM プロトコルは，送信すべきデータを高速に伝送する機能を提供するだけで，通信機能のほとんどは上位層に依存する．AAL は上位層と ATM 層との間にあって，ATM 特有の伝送動作を緩衝する役目を持つ．伝送データを ATM セルに変換して下位層に伝えたり，ATM セルからもとの情報に戻す．AAL 1 から AAL 5 までの五つの

タイプがあり，ATM-LAN では高速のコネクション形に適用する AAL 5 がもっぱら使われている。

AAL の機能は，CS（convergence sublayer）と SAR 副層（segmentation and reassembly sublayer）との二つの層で実現される。上位層のデータには，CS によってフロー制御，再送制御やエラー検出，パケット長表示などを行うための情報が付加される。このデータユニットを SAR 副層で分解したり組み立てたりする。

〔2〕 **ATM 層** ATM 伝送における最も基本的となるプロトコルであり，複数チャネルの ATM セルを単一の物理リンクへ多重化したり，その逆を行う。ATM では多重化するとき，図 *10.7* に示すように VC と VP を伝送路中に自由に設定する。ここで，VC は一つの通信ごとに端末間で設定された仮想的な通信チャネルであり，VP はいくつかの VC を集束した論理的な伝送パスである。

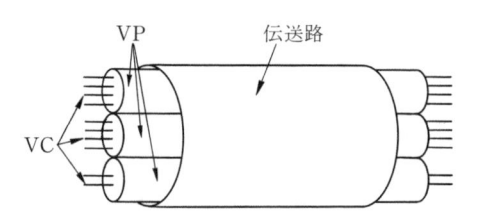

図 *10.7* 伝送路と VC および VP

〔3〕 **ATM セルのフォーマット** 最終的に構成される ATM セルのフォーマットは図 *10.8* に示すように，5 オクテットのヘッダ部と，48 オクテットの情報を格納するペイロード（payload）部とからなる。2 種類あるのは，端末とネットワーク間の UNI（user network interface）と，ネットワーク内部の NNI（node network interface）とで一部異なるからである。

UNI のセルには，ポイントツーポイントやポイントツーマルチポイントなどを示す一般制御フローのための領域 GFC（generic flow control）があるが，

図 10.8 ATM セルのフォーマット

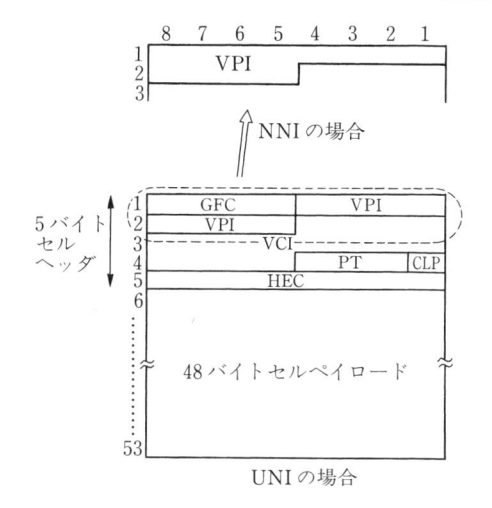

```
           8 7 6 5 4 3 2 1
         1 ┌─────────────┐
         2 │     VPI     │
         3 └─────┬───────┘
                 ↑ NNI の場合

         1 ┌───────┬─────┐
  5バイト  2 │  GFC  │ VPI │
  セル     3 │  VPI  │ VPI │
  ヘッダ   4 │────VCI────│
         5 │       PT │CLP│
         6 │     HEC     │
           ├─────────────┤
           │             │
           │ 48バイトセル │
           │   ペイロード  │
           │             │
        53 └─────────────┘
            UNI の場合
```

GFC（generic flow control）
VPI（virtual path identifier）
VCI（virtual channel identifier）
PT（payload type）
CLP（cell loss priority）
HEC（header error check）

NNI のセルにはこれがなく VP 識別子の VPI（virtual path identifier）領域が大きくなっている．これ以外の領域の意味はつぎのようになっている．

- VCI（virtual channel identifier）：VC 識別子の領域
- PT（payload type）：データセルか制御管理セル（OAM セル）かを示し，データセルではふくそうに関する情報と最終セルかどうかを示す領域
- CLP（cell loss priority）：セル損失の優先度を示す領域
- HEC（header error check）：ヘッダ誤り検出/訂正とセル同期確立を行うための領域

〔4〕 **物 理 層**　ATM セルを転送するための機能を規定する．ATM Forum により，光ファイバ・STP/UTP（shielded twisted pair/unshielded twisted pair）ケーブルなどの物理メディアと，符号化方式とに関する標準化がなされている．例えば，マルチモード光ファイバを使って 155 Mbps で転送する SONET，STS-3 C（synchronous transport signal level 3）(OC-3) や 8B10B 方式，シングルモードファイバでさらに高速な 620 Mbps を伝送する SONET STS-12 C（OC-12）方式などがある．

物理層は，PMD 副層（physical medium dependent sublayer）と TCS

(transmission convergence sublayer)とに分かれる．PMD は物理メディア，符号化方式，コネクタ形状などを定める．TCS は PMD に依存しており，セル境界の検出や有効セルと空セルの分離を行う．

〔5〕 **コネクションの確立**　ATM 伝送では，伝送ケーブルに相当する VPI の中にケーブル心線に相当する VCI を実現して，送信端末と受信端末間に論理チャネルを設定する．セルのルーティングは，VC だけを識別して切り替える．このようなコネクションの設定を行うのに，二つの方法が提供されている．一つは，あらかじめ固定的に端末間にコネクションを設定する方法で **PVC**（permanent virtual channel）という．ネットワークの使用目的に応じて，長期にわたって専用的な通信路を確保できる．もう一つは，ネットワークが持つシグナリング手順で動的にコネクションを確立・解放する方法で **SVC**（switched VC）という．使わないときにコネクションを解放でき，ネットワークの状態に応じて経路変更が可能である．

10.2.3　ATM-LAN の実現技術と応用

以上述べてきた ATM 伝送機能は，ATM スイッチと呼ばれる機器に集約されている．ATM プロトコルに基づいた超高速なセル交換処理と，各種の制御機能を持っている．

〔1〕 **ATM 交換技術**　ATM セルの交換技術は，超高速な ATM 伝送を実現する中核となるもので，つぎのような方式がある．

① 入力バッファ形　入力バッファからセルをスイッチに送出し，空間分割的に並列のスイッチングを行う方式

② 出力バッファ形　スイッチ内部にブロードキャスト伝送路を持ち，ラベルによって該当セルを出力ポートに拾い出す方式

③ 共有メモリ形　すべての入力セルを共有バッファメモリに蓄え，該当する出力端子に並列で読み出しセルを交換する方式

〔2〕 **ATM-LAN の制御機能**　ATM 伝送を行うために必要な制御機能に，つぎのようなものがあり，ATM スイッチに実装されている．

① シグナリング（signaling）　ユーザからのあて先情報に基づき，目的までのコネクション設定と解放を実行

② ルーティング（routing）　ネットワークトポロジーと通信路の使用状況に応じて経路の選択を実行

③ トラフィック制御　ネットワークの混雑に伴う転送品質の劣化を防ぐための制御を実行。コネクション設定時にリソースを割り振る静的制御と，混雑時に動的に入力を制御するふくそう制御がある。

④ ATM管理機能　構成管理，障害管理，性能管理，装置管理，アドレス設定管理などの，ATMネットワークの各種管理を実行

〔3〕 **既存プロトコルとの接続**　ATMをLANで使用するには，既存のプロトコルからATMを利用しなければならない。この代表的なものに，ネットワーク層で直接ATMを利用する方法と，データリンク層でATMを使う方法が提案されている。

ネットワーク層で利用する代表的なものに，インターネットで使われているIPプロトコルと接続する"IP over ATM"がある。ATM上でIPパケットをやりとりするRFC 2225（Classical IP and ARP over ATM）や，マルチプロトコルパケットを多重化するRFC 2684（Multiprotocol Encapsulation over AAL 5）などが規定されている。一方，データリンク層を使う代表的な

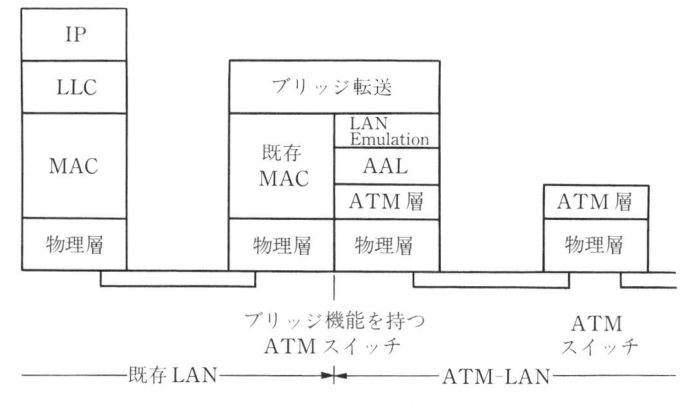

図 **10.9**　既存LANとの接続を行うATMスイッチ

ものに，ATM フォーラムが標準化した"LAN Emulation"または"MAC over ATM"がある。ATM を既存のデータリンク層に組み入れるために，AAL の上にエミュレーション機能を持たせ，ブリッジレベルの相互接続を実現する。このような機能を持った ATM スイッチの構成を図 **10.9** に示す。

〔**4**〕 **ATM を用いた情報通信ネットワーク** ATM を用いたネットワークは，プライベートネットワークと公衆通信回線の両方で利用が広がっている。前者では，ATM-LAN として局所的な情報通信ネットワークの基幹部分に採用されている。後者では，LAN 間接続を中心とした SMDS (switched multimegabit data service) で ATM セルを MAN のアクセス制御に適用したり，国際間の高速通信に利用されたりしている。将来は，ATM による LAN と WAN のシームレスな接続が行われ，次世代の情報通信ネットワークの中核技術となっている。

10.3 マルチメディア通信の応用

高速のマルチメディア通信環境が整備されると，新たな応用分野が広がる。この代表として，マルチメディア通信を利用した業務向け会議システムと，テレビ放送に代わる個人向け**ビデオオンデマンド**（video on demand：**VOD**）とを取り上げて，概要を述べる。

10.3.1 マルチメディア通信会議

高速の情報通信ネットワークを使えば，会社内の人々と会議をするように，遠隔地にいる複数の人々と議論を交わすことができる。ネットワークを利用した会議では人が移動する必要がなく，時間と経費を大幅に節約できる。さらに，コンピュータ内のマルチメディア情報を簡単に提示できたり共用も容易なので，より効率の高い協調作業が可能になる。

このようなマルチメディア通信会議システムは，図 **10.10** に示すような構成で実現できる。会議の参加者は，自分の席に座ったままで手元のコンピュー

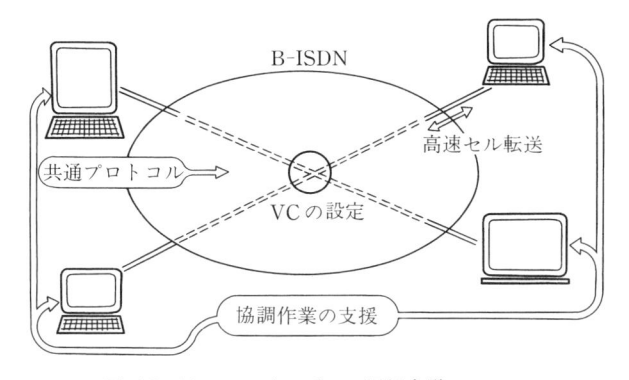

図 10.10　マルチメディア通信会議システム

タを使って会議に参加する．このコンピュータは，協調作業を支援する環境を備え，B-ISDN を通して会議参加者のコンピュータと通信できるものでなければならない．B-ISDN の高速通信性により図面・画像などの資料をリアルタイムで提示できる．さらに，ATM 伝送の仮想チャネルを参加者の端末間に設定し，情報に適するビットレートで情報交換が可能となる．また，会議や協調作業をスムーズに進めるためには，適切な支援システムが必要である．すでに，**CSCW**（computer supported cooperative work）として，コンピュータ支援による協調作業に関する研究が進んでいる．この成果がCSCWを実現するツールとして，各種のグループウェアの形で提供されているので，こうしたツールをマルチメディア会議システムで容易に利用可能である．

マルチメディア通信会議システムを実現するためには，データ交信のための共通プロトコルが必要である．ITU-T は，多地点通信のデータ会議に関する標準（T.120 シリーズ）や音声・ビデオに関する標準（H.320 シリーズ）などのマルチメディア通信の基盤技術の標準を勧告している．これらの標準勧告を使えば，異なったシステムを使っていても，遠くに離れた人々とビデオ会議などの協調作業の共通基盤を準備できる．

以上述べたのは，高速な専用回線で接続された端末を使ったマルチメディア会議である．一方，インターネット上で使える各種のマルチメディア会議システムもある．旧来の IPv4 で，複数の終点に対して通信を行う**マルチキャスト**

通信 (multicast communication) を使っている。**音声会議ツール** (vat)・**映像会議ツール** (vic)・**ビデオ会議ツール** (ivs) などがある。マルチキャスト通信は，クラス D の IP アドレスを使って実現されるので，例えば sd (session directory) のような管理ツールを用いて，マルチキャストセッションの状態確認や割当てを管理しなければならない。インターネットは**ベストエフォート** (best effort) 形の通信で，専用回線を使った**ギャランティ** (guarantee) 形の通信に比べてリアルタイム性や通信品質が劣る。しかし，手軽に安価に利用できる会議システムとして使われてきた。

新しい **IPv6** (**7.5.6** 項参照) ネットワークは，同一の IP パケットを複数の端末に送信する**マルチキャスト**機能を標準で持っている。マルチキャストでは，ネットワーク上のルータが必要に応じて IP パケットを複製して配送する仕組みを持っているので，複数地点を結んだテレビ会議を容易に実現できる。インターネット接続回線の高速化と相まって，専用回線を使わない高品質のテレビ会議が実現できるであろう。

10.3.2 VOD

テレビ放送や CATV では，時間帯により視聴可能な番組が決まっていて，望むときに望む番組を見られるわけではない。これに対して，VOD では視聴者側から要求を出して，見たい映画や番組をいつでも見ることができるようにしたシステムである。これを家庭で利用できるようにするには，**図 10.11** の例のようなシステムを構成する必要がある。番組内容を蓄えている映像センターと家庭とを高速回線で結び，ユーザが見たい番組を選択する信号を送り，センターは対応する画像情報を配送する。

映像センターでは，ビデオ情報をディジタル化して大容量のビデオサーバに蓄積する。このとき，効率的に蓄積・配送するため画像圧縮を行う。画像の圧縮には，ISO の下部組織にあたる標準化団体 **MPEG** (Moving Picture Coding Experts Group/ Moving Picture Experts Group) で標準化された方式が使われる。MPEG-2 は数 Mbps の転送ビットレートを対象として，HDTV の

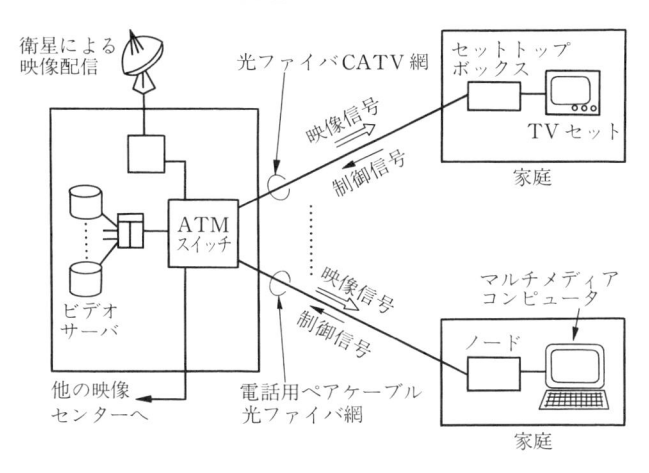

図 10.11 VOD の構成例

高画質にも対応できる圧縮方式である。画像圧縮を行ったとしても，ビデオサーバの蓄積容量はテラバイトオーダとなり，これらのビデオ情報を高速に検索でき，またリアルタイムに取り出さなければならない。

つぎに，映像センターと家庭とは，光ファイバで結ぶのが理想である。加入

┌─ コーヒーブレイク ─┐

マルチメディア

"マルチメディア"は重要なキーワードとして，いろいろなところで使われています。複数の情報媒体を統合したというのがもとの意味ですが，コンピュータや情報通信のあらゆるものに付いています。本質的にはディジタル技術が重要で，すべての情報をディジタル化してメディアを統合したのがマルチメディアといえます。統合して一元管理・一元処理することで，時間と空間を克服でき，感性レベルの処理にまで拡大できるため，従来の業種の垣根がなくなり一般の人々の生活スタイルにまで変化を与える技術になっています。

技術者も"マルチメディア"であることが望まれています。技術者自身の中に統合しながら，情報通信ネットワーク技術とその上を流れるコンテンツ制作技術を身につけることが必要とされています。このためには，得意な分野とそれを支える技術全般とのバランスのとれた理解が必要です。本書で扱った情報通信システムの技術の上に，これを活用するための広い意味のソフトウェア技術を積み上げていただきたいと思います。

者系までを光ファイバ化する **FTTH** (fiber to the home) が完成すれば，VOD を扱うことができる．これ以外にも，CATV 網が光ファイバ化されると，この多チャネルの一部を使って転送できる．さらに，電話用のペアケーブルを使った **ADSL** (asymmetric digital subscriber line) も利用できる (*2.3.4* 項参照)．これは，電話音声領域が使用している周波数帯域より高い部分を利用することで，数 Mbps の高速データ通信を可能にする技術である．家庭から通信事業者加入者線収容局（電話局）への上り（例えば，最大 2 Mbps 程度）とその逆の下り（例えば，最大 12 Mbps 程度）とのビットレートが非対称であるが，VOD のように上りの情報が制御信号だけなので支障はない．いずれにしても，画像の転送ができ双方向に通信可能な伝送路が必要である．

家庭の端末側では，圧縮されているディジタル映像を復号化し，サービスを受けるのに必要な会話，検索，表示などを行うマルチメディアコンピュータ機能が必要である．CATV により VOD を実現するため，家庭用のテレビ受信機に接続して追加の機能を提供する**セットトップボックス** (set-top box) の標準化が進んでいる．

演 習 問 題

【1】 身近な情報のデータ量と持続時間を調査せよ．

【2】 音声（サンプリング周波数 44.1 kHz，16 ビット量子化，ステレオ）データを 72 分間記録するときの総容量を求めよ．

【3】 N-ISDN と B-ISDN とを比較せよ．

【4】 ATM による通信の，回線交換的な特性とパケット交換的な特性を説明せよ．

【5】 500 バイトの IP パケットを ATM 方式で送るときのオーバヘッド（全転送容量中の管理部分の容量）を求めよ．

【6】 マルチメディア通信を行うために必要となる特性を述べよ．

付録　技術者の倫理

　本書で扱った情報通信システムは，社会活動や個人生活の各種情報を流通させるための基盤として重要な役割を担っている．障害が発生すれば社会的混乱を引き起こし，不正な使用が行われるとプライバシーの侵害や違法行為が発生する．このため，情報通信システムに関わる技術者は，自己の扱う技術の社会的影響にまで目を向け，技術的に正しいというだけでなく高い倫理観をもって活動する必要がある．

　上記のような問題意識から，技術の専門家集団である学会でも，技術者の持つべき倫理観について議論が行われている．自己の扱う技術が世界規模での社会的影響を持つことを考えたとき，どのような倫理観を持って活動すべきかの綱領を策定している．ここに付録として，情報処理学会（平成8年5月20日施行）と電子情報通信学会（平成10年7月21日施行）との倫理綱領を，許可を得て転載させていただいた．

　ここに書かれていることは，学会員でなくても技術者なら常日ごろから守るべきことであると考える．これから勉学を進めて情報通信分野で活動する諸君が，これらの綱領の精神を理解し高い倫理観を持って活躍するよう願っている．

情報処理学会倫理綱領

前　文

　我々情報処理学会会員は，情報処理技術が国境を越えて社会に対して強くかつ広い影響力を持つことを認識し，情報処理技術が社会に貢献し公益に寄与することを願い，情報処理技術の研究，開発および利用にあたっては，適用される法令とともに，次の行動規範を遵守する．

1. 社会人として
   1.1 他者の生命，安全，財産を侵害しない．
   1.2 他者の人格とプライバシーを尊重する．
   1.3 他者の知的財産権と知的成果を尊重する．
   1.4 情報システムや通信ネットワークの運用規則を遵守する．

1.5 社会における文化の多様性に配慮する。
2．専門家として
2.1 たえず専門能力の向上に努め，業務においては最善を尽くす。
2.2 事実やデータを尊重する。
2.3 情報処理技術がもたらす社会やユーザへの影響とリスクについて配慮する。
2.4 依頼者との契約や合意を尊重し，依頼者の秘匿情報を守る。
3．組織責任者として
3.1 情報システムの開発と運用によって影響を受けるすべての人々の要求に応じ，その尊厳を損なわないように配慮する。
3.2 情報システムの相互接続について，管理方針の異なる情報システムの存在することを認め，その接続がいかなる人々の人格をも侵害しないように配慮する。
3.3 情報システムの開発と運用について，資源の正当かつ適切な利用のための規則を作成し，その実施に責任を持つ。
3.4 情報処理技術の原則，制約，リスクについて，自己が属する組織の構成員が学ぶ機会を設ける。

注

本綱領は必ずしも会員個人が直面するすべての場面に適用できるとは限らず，研究領域における他の倫理規範との矛盾が生じることや，個々の場面においてどの条項に準拠すべきであるか不明確（具体的な行動に対して相互の条項が矛盾する場合を含む。）であることもあり得る。したがって，具体的な場面における準拠条項の選択や優先度等の判断は，会員個人の責任に委ねられるものとする。

付　記

1．本綱領は平成 8 年 5 月 20 日より施行する。
2．本綱領の解釈および見直しについては，必要に応じて委員会を設置する。

電子情報通信学会倫理綱領（旧）

2011 年 2 月 21 日に簡潔な綱領に改定された．

基本理念

電子情報通信学会員（以下本学会員）は，電子情報通信技術の専門家として，各自の専門技術の研究，開発，実施を通じて，全人類社会の幸福と福祉に貢献するよう努力する．

第 1 条　本学会員は専門家および一人の個人として次の事項を遵守する．[基本方針]
（1）　公正と誠実を重んじる．
（2）　他者に危害を与えることを予防する．
（3）　他者の権利の侵害が生じることを避ける．
　　　他者の権利には，所有の権利，プライバシーの権利等が含まれる．

第 2 条　本学会員はその職務の遂行に当たって次の各項を遵守する．[社会的責任]
（1）　電子情報通信技術の進展とその成果が与える社会的責任を自覚する．
（2）　電子情報通信技術の進展によって生じる社会的影響について，客観的事実を明らかにするよう努力する．
（3）　上記の事実を社会に周知するよう努力する．

第 3 条　本学会員は，その職務の遂行に当たって次の各項を遵守する．[社会的信頼]
（1）　職務上知りえた秘密を他に漏らさない．
（2）　職務上知りえた秘密を自分および他者の利益のために使用しない．
（3）　業務上相互に合意の上取り交わした契約，了解事項，責任分担等の条項はこれを尊重する．
（4）　現行の法制度（特に電子情報通信に関連する法制度）についての知識を常に更新し，その学習に努める．

第 4 条　本学会員は，その職務の遂行に当たって次の各項を遵守する．[品質保証]
（1）　電子情報通信技術から得られる成果の品質の保証に努める．
（2）　電子情報通信技術の品質保証の目標を設定し，それに準拠して行動する．
（3）　電子情報通信技術の品質保証の体制を作り，その維持向上に努める．
（4）　電子情報通信技術の品質保証を可能にするための技術の向上に努める．

第 5 条　本学会員は，その職務の遂行に当たって次の各項を遵守する．[知的財産権]
（1）　他者の創意工夫を尊重する．

（2） 著作権，特許権，その他の知的財産権を侵害しない．
（3） 自己の知的財産の保護・利用についても注意を怠らない．

第6条 本学会員は，その職務の遂行に当たって次の各項を遵守する．［ネットワークアクセス］
（1） ネットワークへのアクセスは，許されているプロセスあるいは資源に限定する．
（2） 他者の管理するシステムに許可なく侵入しない．また他者の通信に不正にアクセスしない．
（3） ネットワークに対して情報を提供するときは，真正な情報のみを提供する．
（4） ネットワークから情報を獲得するときは，その結果について自己責任の原則を了承する．
（5） ネットワーク内における行動は，共創の精神に基づいて行う．

第7条 本学会員は，その職務の遂行に当たって次の各項を遵守する．［研究開発］
（1） 電子情報通信技術の研究開発においては相互の立場を尊重し，自由な討論を行える場が作られるよう努める．
（2） 電子情報通信技術の研究開発においては長期的視野に立ち，安全で信頼のおける国際的情報社会の建設を目指す．

第8条 本学会員は，その職務の遂行に当たって次の各項を遵守する．［実施基準］
（1） ネットワーク上での広報，発表における節度ある態度を保持する．
（2） 相互啓発，相互評価体制を推進する．
（3） 社会の反応を常に把握する体制の確立に協力する．

第9条 本学会員が自己の所属する組織内において管理的立場にあるときは，上記項目を自分自身で遵守することに加えて，下記の項目を実施しなければならない．［管理者基準］
（1） 自己の管理下にある構成員に対してもその遵守を促す．
（2） 品質保証，知的財産権保護，要因の教育訓練等の体制の整備および向上のための方策を設定し，人および資材の合理的配分に配慮する．

付　記

1．この綱領は平成10年7月21日から施行する．
2．本綱領の解釈および改廃は，必要に応じて委員会を設置して行う．

参 考 文 献

○教科書的な書籍

1) 山口開生, 藤原史郎:電気通信工学Ⅰ, 電気通信協会 (1974)
2) 清水通隆, 鈴木立之:通信ネットワーク概論, オーム社 (1977)
3) 尾佐竹徇ほか:電子通信工学概論, 電子情報通信学会 (1988)
4) 富永英義:新電気通信事業体のネットワークとサービス, 丸善 (1990)
5) 南 敏, 白須宏俊, 大友功:現代通信工学, 産業図書 (1993)
6) 松原由高監修:ネットワークOS教科書実践編, アスキー出版 (1993)
7) 岡田博美:情報ネットワーク, 培風館 (1994)
8) 笠原正雄, 田中初一:ディジタル通信工学, 昭晃堂 (1996)
9) 南 敏:情報通信システム, 丸善 (1996)
10) 村山優子:ネットワーク概論, サイエンス社 (1997)
11) 田村武志:情報通信ネットワークの基礎, 共立出版 (1997)
12) 樫尾次郎:情報ネットワーク, オーム社 (1997)
13) 井上伸雄, 都丸敬介:新情報通信早わかり講座①, 日経BP社 (1997)
14) 辻井重男, 河西宏之, 宮内充:ネットワークの基礎知識, 昭晃堂 (1997)
15) 守田洋一, 當麻悦三, 向山隆行・海野恭史:ネットワークスペシャリスト受験研究 (上), 技術評論社 (1998)
16) 並木淳治監修:IPv6―インターネット新時代―, 電子情報通信学会 (2001)
17) 松平直樹監修:IPv6ネットワーク実践構築技法, オーム社 (2001)
18) 守倉正博, 久保田周治監修:改訂版802.11高速無線LAN教科書, インプレス (2005)

○事典・ハンドブック

19) 岩波情報科学事典, 岩波書店 (1990)
20) 富士通ラーニングメディア翻訳:マグロウヒルインターネットワーキングハンドブック, フジ・テクノシステム (1997)
21) 情報通信総合研究所編:情報通信ハンドブック, 情報通信総合研究所 (1998)
22) 笠野英松監修:インターネットRFC事典, アスキー出版局 (1998)

○各論の参考文献

23) 山崎俊雄，木本忠昭：電気の技術史，オーム社（1976）
24) '93 NTT テレコムガイド，一二三書房（1993）
25) WIDE Project 編：インターネット参加の手引き（1996 年度版），共立出版（1996）
26) 清水洋，鈴木洋：ATM-LAN，ソフト・リサーチ・センター（1995）
27) Paul Albitz & Cricket Liu 著，浅羽登志也・上水流由香監訳：DNS & BIND，アスキー出版局（1995）
28) 日本電信電話公社社史編纂委員会：NTT の 10 年，NTT ラーニングシステムズ（1996）
29) Paul Simoneau 著，都丸敬介訳：TCP/IP プロトコル徹底解析，日経 BP 社（1998）

○雑誌

30) 電子情報通信学会誌（電子情報通信学会）
31) 情報処理（情報処理学会）
32) 日経エレクトロニクス（日経 BP 社）

○URL

33) http://www.nic.ad.jp/ ［Japan Network Information Center］
34) http://www.rfc-editor.org/ ［Request for Comments (RFC) Editor Homepage］
35) http://www.isc.org/ ［Internet Systems Consortium, Inc. (ISC)］
36) http://www.johotsusintokei.soumu.go.jp/ ［総務省情報通信統計データベース］

演習問題解答

（注　意）
　本書の演習問題の多くは，本文をまとめたものや各自が調べたものが解答になるので，明確な解答の出るものを中心に必要最小限の注意のみを与える。

2章

【3】携帯電話とPHSの主要な仕様の違いをつぎに示す。

項　　目	携帯電話	PHS
通信網	専用網	ディジタル網流用
周波数帯	800 MHz/1.5 GHz	1.9 GHz
伝送速度	11.2 kbps	32 kbps
基地局エリア半径	1.5～3 km	100～500 m
基地局出力	1～2 W	500 mW 以下
端末出力	0.8 W	10 mW 以下

【4】身近な情報量はつぎのようになっている。
- 文字情報
  400字詰め原稿用紙＝6.3 kbit
  200ページの新書本1冊＝1.6 Mbit
  大英百科事典23巻＝1.5 Gbit
- 音声情報
  2時間の講演＝4.8 Gbit
- 画像情報
  512×480画素の静止画＝5.6 Mbit
  2時間の動画＝1.2 Tbit

これに対して，処理技術の代表的な値はつぎの通りである。
- 記録容量
  フロッピーディスク＝8 Mbit 強
  半導体メモリ＝64 Mbit

CD-ROM＝4.2 Gbit
・光ファイバによる転送速度＝1 Gbps 程度
・プロセッサの処理速度＝10 Gbps（単体）

3章

【4】 稼働率は，平均故障間隔（mean time between failures：MTBF）と平均修理時間（mean time to repair：MTTR）をもとに

稼働率＝MTBF／（MTBF＋MTTR）

で計算できる。よって，このシステムの場合はつぎのように計算できる。

$100/(100+20)=0.833$

【5】（1） システムが直列に配置される場合，全体の稼働率は，それぞれのシステムの稼働率の積になる。よってつぎのように計算できる。

稼働率＝$0.8×0.7=0.56$

（2） システムが並列に稼働する場合は，それぞれの不稼働率を考える。システム A の不稼働率は $1-0.8=0.2$，システム B の不稼働率は $1-0.7=0.3$ となる。どのサブシステムも稼働しない率は $0.2×0.3$ で計算できるので，システム全体の稼働率は

$1-0.2×0.3=0.94$

【6】 このシステムの場合，全体の故障率は

$500×10+300×20=11\,000$〔FIT〕

となる。したがって

MTBF＝1/故障率〔FIT〕$×10^9=1/11\,000×10^9=90\,909$ 時間
　　　＝10.4 年

4章

【1】 $f_T > 2B$

【2】

量子化ステップ	交番2進符号	自然2進符号（参考）
0	0000	0000
1	0001	0001
2	0011	0010
3	0010	0011
4	0110	0100
5	0111	0101
6	0101	0110

7	0100	0111
8	1100	1000
9	1101	1001
10	1111	1010
11	1110	1011
12	1010	1100
13	1011	1101
14	1001	1110
15	1000	1111

隣り合うステップの符号が1ビットしか違わないため,伝送時のビット誤りに強い。

【3】 $10/2^8=39.1$〔mV〕なので±19.5〔mV〕

$10/2^{16}=0.153$〔mV〕なので±0.0763〔mV〕

【4】 8〔kHz〕×9〔bit〕×24〔channel〕=1728〔kbps〕

5章

【1】 各符号の変換アルゴリズムはつぎのようになっている。これに従って変換せよ。

- マンチェスタ符号:"0"を正から負への,"1"を負から正への極性変化に対応
- 差分マンチェスタ符号:"0"ならビット開始点と中央点で変化に,"1"ならビット中央点のみで変化に対応
- ミラー符号:"0"なら連続する場合のみビット開始点で変化に,"1"ならビット中央点で正から負または負から正への変化に対応

7章

【2】 つぎのような代表的な対応が考えられる。

第1層:電話機をコンセントに接続するためのコネクタの形状や電気信号の規格など。
第2層:電話機と電話局の交換機とを接続するための仕様や手順。
第3層:通話相手を呼び出して通信路を確立する手順。
第4層:電話会社の違いを吸収したり,通話品質を保つための仕組み。
第5層:相手を呼び出し,通話中に接続を保持し,終われば切断する手順。
第6層:通常はなし(将来,自動翻訳機を使った通話が実現できたとする

と，例えば日本語と英語の自動翻訳機能に相当）。
第7層：実際の通話。

【6】 /28 は 14 台のホストまで収容可能（ネットワークアドレスとブロードキャストアドレスを消費することに注意）である。

クラス C は /24 となる。

8章

【4】 電送符号として 4B5B を採用しているので，情報レベルは信号レベルの 4/5 倍になる。

9章

【4】 利用開始時のユーザ認証部分を共用している。

10章

【2】 $44.1 \times 10^3 \times 16 \times 2 \times 72 \times 60 = 6\,096$ 〔Mbit〕＝約 730〔M バイト〕（CD-ROM の記録容量に相当）

【5】 500〔バイト〕の IP パケットは 11 セルに分割される。したがって，オーバヘッドは $1-500/(53 \times 11) = 14.2$〔％〕となる。

索引

【あ】
アイドル　　　　　　　　　117
アクセス制御　　　　　　　120
アーチ　　　　　　　　　　151
アナログ信号　　　　　　　45
アナログ通信　　　　　　　19
アナログ通信方式　　　　　3
アナログ通信網　　　　　　26
アナログ伝送路　　　　　　53
アベイラビリティ　　　　　44
誤り制御　　　　　　　　　60
アルゴリズム　　　　　　　132
アロハ方式　　　　　　　　80
暗号化　　　　　43, 126, 143
暗号化電子メール　　　　　143
安定品質　　　　　　　　　38

【い】
イーサネット　　　　　　　15
イーサネットスイッチ　　　87
一般電話サービス　　　　　35
一般トップレベルドメイン　134
移動体通信　　　　　　　　29
インターネット　　2, 14, 74, 127
インターネットアドレス　　102
インターネット相互接続点　129
インターネットプロトコル
　スイート　　　　　98, 128
インテリアゲートウェイ
　プロトコル　　　　　　　131

イントラネット　　　　　　113

【う】
腕木式光通信システム　　　1

【え】
映像会議ツール　　　　　　172
エクステリアゲートウェイ
　プロトコル　　　　　　　131
エコーキャンセラ方式　　　69
エレメント　　　　　　　　153
エンティティ　　　　　　　91
エンドノード　　　　　　　85

【お】
応答　　　　　　　　　　　92
応答ウィンドウ　　　　　　119
応用層　　　　　　　　　　96
オープンソースソフトウェア
　　　　　　　　　　　　　128
折返し雑音　　　　　　　　46
オンザフライ処理　　　　　82
音声会議ツール　　　　　　172
オンライン機能　　　　　　111

【か】
回線交換　　　　　　4, 5, 26
回線交換方式　　　　　　　57
回線制御　　　　　　　　　60
階層化　　　　　　　　　　89
開放番号方式　　　　　　　33
可逆圧縮　　　　　　　　　30
課金　　　　　　　　　　　35
確認　　　　　　　　　　　92
加工性　　　　　　　　　　144

画像圧縮　　　　　　　　　172
仮想化　　　　　　　　　　89
仮想回線　　　　　　　　　65
仮想端末　　　　　　112, 149
仮想チャネル　　　　　　　160
ガードインターバル　　　　125
加入者安定品質　　　　　　38
加入者番号　　　　　　　　34
カプセル化　　　　　　　　92
簡易形携帯電話　　　　　　14
関門局　　　　　　　　　　25

【き】
キーシフト方式　　　　　　54
基地局　　　　　　　　　　31
基本インタフェース　　　　69
逆引き機能　　　　　　　　138
逆フーリエ変換　　　　　　125
キャッシュ　　　　　　　　138
ギャランティ形　　　　　　172
許容接続損失　　　　　　　37
許容接続遅延時間　　　　　37
距離　　　　　　　　　　　130
距離ベクトル　　　　　　　131
記録性　　　　　　　　　　144

【く】
空間分割回線交換方式　　　63
国番号　　　　　　　　　　34
クライアント　　　　　87, 135
クライアント-サーバモデル
　　　　　　　　　　87, 152
クラスA　　　　　　　　　104
クラスB　　　　　　　　　104
クラスC　　　　　　　　　105

クラッド	56	
グリッドコンピューティング	113	
グレイ符号	47	
クロスバ交換機	5, 22, 63	
グローバルローミング	13	

【け】

携帯電話	12, 14, 34
経路制御	86, 99, 130
経路選択	95
経路表	130
ゲートウェイ	86
ゲートウェイプロトコル	130
ケーブルテレビ	8
権限委譲	129

【こ】

コア	56
広域帯ISDN	4
広域ネットワーク	129
公開鍵暗号方式	43, 150
交換機	22, 52
交換局	52
交換制御	86, 95
交換方式	57
高精細度テレビ	7
高速ディジタルサービス	11
交番2進符号	47
国際通信網	32
国際電話	34
国際標準化機構	75
故障間平均時間	44
コーデック	48
コネクション	91
コネクション形	66
コネクション指向形	93
コネクションレス形	65, 93
コマンド	61

【さ】

再帰検索	137

雑音	40
サーバ	87, 135
サービス	91
サービス総合ディジタル網	67
サービスプリミティブ	92
サービスプロバイダ	92
サービスユーザ	92
サブネット	105
差分マンチェスタ符号	121
参照モデル	75

【し】

市外局番	34
市外識別番号	33
時間トークン制御	83
識別制御	60
識別番号	33
シグナリング	169
資源共有	112
指示	92
質疑応答集	151
自動交換方式	2
自動車電話	12
自動接続遅延	38
市内局番	34
時分割回線交換方式	64
時分割処理	112
時分割多重接続	13
時分割方向制御方式	69
ジャム信号	84, 117
従局	59
集線装置	78, 118, 122
集中形	76
集中形ネットワーク	111
周波数分割多重方式	3
周波数変調方式	3
周波数ホッピング	127
従量制	35
主局	59
順序制御	60
衝突検出付き搬送波検知多重アクセス	83

情報交換用米国標準符号	115
情報フィールド部	164
情報量課金方式	36
商用ネットワーク	129
初期モード	62
署名	141
自律システム	131
シングルトークン形式	82
振幅変調方式	3

【す】

スイッチ	86
スイッチングハブ	87
スター形	76
スターカップラ	78
スター状バス	78
スター状リング形	78
ステーション	85
ステップバイステップ交換機	5
ストリームソケット	109
ストリームトラフィック	58
ストレージャ交換機	5
スパム	144
スペクトラム拡散方式	123, 124
スロット	81

【せ】

正規応答モード	62
静止衛星	29
静的経路管理	130
セキュリティ	41, 126, 137
セキュリティポリシー	42, 137
セッション層	96
接続損失	37
接続遅延時間	37
接続品質	37
切断モード	62
セットトップボックス	174

セル	164	
セル方式	12	
セルリレー	10	
線形量子化	47	
全二重	59	
専用回線	10	
専用線サービス	35	

【そ】

総合ディジタル網	26
送信局除去	82
送信権制御	60
双方向CATV	78
側音	40
即時性	143
属性形ドメイン名	133
属性ドメイン	133
属性ラベル	133
ソケット	108
組織ラベル	133
ゾーン情報	135

【た】

第一種電気通信事業者	21
第二種電気通信事業者	21
タイムスロット	64
ダイヤルQ^2	36
ダイレクトパスフォワード	130
対話形サービス	160
タグ	153
多重化	93, 160
ターンアラウンド時間	112
単一接続局	122
単方向	59
端末	22
端末接続制御	60

【ち】

地域形ドメイン名	133
地域ネットワーク	129
蓄積交換	143
蓄積交換方式	58

直交周波数分割多重方式	125
直交振幅変調方式	54

【つ】

ツイストペアケーブル	55, 118
ツイストペア線	79
通信衛星	2, 7, 79
通信規約	52
通信チャネル	52
通信プロトコル	52, 59, 75, 89
通信量	37
ツリー形	77

【て】

低域通過フィルタ	46
ディジサイファ方式	8
ディジタル圧縮	8
ディジタル化	45, 49
ディジタル化放送	5
ディジタル交換	64
ディジタル交換機	22, 64
ディジタル信号	47
ディジタル通信	2, 19
ディジタル通信サービス	35
ディジタル伝送路	53
ディジタルハイアラーキ	161
ディジタル変調伝送方式	52
テイラ	58
データ回線終端装置	66
データグラム	95
データグラム形式	65
データグラムソケット	109
データ端末装置	66
データ通信	51
データ通信網	26
データ添付	144
データリンク層	94
デフォルト経路	131
デマンドアサイン方式	81
デマンド配分方式	80

テレサービス	71
テレビ放送	7
電気通信事業者	21
電気通信事業法	21
電子会議	28
電子貨幣	43
電子掲示板	28, 101
電子交換機	63
電子商取引	42
電子メール	28, 96, 101, 139
電信機	1
転送性	144
伝送損失	40
伝送品質	39
伝送符号	53
伝送メディア	54, 79
伝送路	2
添付ファイル	144
電話機	2
電話番号	33
電話網	22

【と】

同位エンティティ	91
透過性	58
同期制御	60
同期ディジタルハイアラーキ	11
動作モード	62
同軸ケーブル	55, 79, 118
動的経路管理	130
同等層間	91
同報性	144
匿名	151
トークン周回時間	83
トークン制御方式	80, 81
トークンバス	81
トークンバス方式	82, 118
トークンリング	81
トークンリング方式	82, 119, 122
ドット表記	103

トップドメイン	133	ハイビジョン	158	ピラニアタップ	118
トポロジー	76	ハイビジョンテレビ	7	平　文	143
ドメイン	133	ハイビジョン放送	8		
ドメイン名	101, 133	パケット	58, 65	【ふ】	
トラフィック	37	パケット交換	4, 5, 26	ファイアウォール	42
トラフィック制御	169	パケット交換方式	58	ファクシミリ	11
トラフィック理論	37	バス形	77	ファクシミリ通信網	28
トランシーバ	118	バーストトラフィック	59	フィルタリング	86
トランスポート層	95	パソコンネットワーク	28	フェイルセーフ	113
		バーチャルサーキット	95	フェイルソフト	113
【な】		バーチャルサーキット形式		フォワーディング	86
ナイキスト周波数	46		65	付加価値通信網	6
内線番号直接アクセス	71	バックオフ	84, 117	不可逆圧縮	30
名前管理システム	132	バックボーン	123	負荷分散	112
		発信音遅延	38	復号化	47
【に】		発信者番号表示機能	71	復号器	47
二重帰属	41	ハブ	86	複合局	61
二重接続局	122	パルス振幅変調	46	ふくそう	42, 164
二重リング	122	パルス符号変調	48	符　号	114
二重リング形	78	ハンドオーバ	12	符号化	47
ニュースグループ	145	半二重	59	符号器	47
ニュースサーバ	146	反復検索	137	物理層	94
ニュースリーダ	147	汎用JPドメイン名	133	不平衡形手順クラス	61
ニューズレター	145			プライベートアドレス	106
		【ひ】		プリアサイン方式	81
【ね】		光ファイバ		プリアンブル	116
ネチケット	154		72, 79, 162, 167	フリーダイヤル	36
ネットニュース	145	光ファイバケーブル	56	ブリッジ	86
ネットワークアーキテクチャ		ビジートークン	82	フリートークン	82
	75	非線形量子化	47	振分け機能	68
ネットワークアドレス		ビデオオンデマンド	170	フルサービスリゾルバ	137
	106, 108	ビデオ会議ツール	172	プレゼンテーション層	96
ネットワーク経路	131	ビデオサーバ	172	フレーム	61
ネットワーク層	95	非同期応答モード	62	フレーム状態	120
ネットワークトポロジー	75	非同期性	144	フレーム制御	120
ネットワーク部	104	非同期転送モード	10	フレームチェックシーケンス	
ネームサーバ	133, 135	非同期平衡モード	62		117
		非動作モード	62	フレームリレー	10, 71
【の】		非平衡形	59	ブロードキャスト	59
ノード	85	秘密暗号方式	43	ブロードキャストアドレス	
		費　用	130		106
【は】		標本化	45	プロトコル	59, 91
ハイパーテキスト	153	標本化定理	45	プロトコル階層	90

ブロードバンド伝送方式	52
プロバイダ	129
分解能	47
分散形ネットワーク	111
分散制御形	59
分散ファイルシステム	112
分配形サービス	160
分　流	94

【へ】

ペアケーブル	55
ベアラサービス	71
平滑化	48
平均故障間隔	44
平衡形	59
平衡形手順クラス	62
米国規格協会	115
米国電気電子技術者協会	114
並列分散処理	113
ペイロード	166
ベストエフォート形	172
ベースバンド伝送方式	52
ヘッダ	58
ヘッダ部	140, 164
ヘッドエンド	78
別　名	138
別名機能	144
変調方式	79

【ほ】

放送衛星	7
放送通信網	32
ポケットベル	12
ホスト経路	131
ホスト認証	150
ホスト部	104
ホップ数	131
ボディ部	140
ポート番号	108
ポートフォワーディング機能	150

【ま】

マルチキャスト	59, 172
マルチキャスト通信	171
マルチトークン形式	82
マルチトークン方式	122
マルチパート	142
マルチメディア	173
マルチメディア化	49
マルチメディア通信	4, 67, 159, 171
マルチメディア通信会議システム	170
マンチェスタ符号	118

【み】

ミックスドメディア	160

【む】

無線 LAN	57, 123
無線 PAN	126
無線系伝送メディア	56
無線通信	2, 79

【め】

迷惑メール	144
メッシュ形	77
メッセージ交換方式	58
メディアアクセス制御方式	80
メーラ	141
メーリングリスト	144
メーリングリストサーバ	145
メールスプール	140

【も】

網サービス制御局	36
網サービス統括局	36
モデム	25
モールス通信	3

【ゆ】

ユーザ認証	150
ユビキタスコンピューティング	57, 107

【よ】

要　求	92
予約アドレス	106
予約制御方式	80

【ら】

ラウドネス定格	39
ラジオ放送	7
ランダムアクセス方式	80

【り】

リアルタイム機能	111
リアルタイム性	58
離散化	45
リゾルバ	135
リピータ	85
リモートホスト	101, 149
量子化	47
量子化誤差	47
量子化雑音	40, 47
リンク	85
リング形	76
倫理綱領	175

【る】

ルータ	86
ルーティング	169
ルーティングプロトコル	130, 131
ルートネームサーバ	136
ループ形	76
ループバックアドレス	106

【れ】

レスポンス	61, 62

190　索　引

【ろ】

漏話	54

ローカルエリアネットワーク　111
ローカルホスト　101, 149
ローミング　126

【A】

AAL	165
AC	120
ADSL	27, 174
A-D 変換器	47
AES	126
ANSI	115
APNIC	103
ARP	101
ARPA	75
ARPANET	5, 14, 75, 98
ASCII	114
ASK	54
ATM	6, 10, 159, 163
ATM Forum	163
ATM 管理機能	169
ATM 交換技術	168
ATM 交換方式	163
ATM スイッチ	168
ATM セルのフォーマット	166
ATM 層	166

【B】

BBS	146
BEB	117
BGP	131
BIND	135
B-ISDN	73, 157
Bluetooth	127
bps	48
BS 2 a	7
B チャネル	9, 69
B 符号化方式	142

【C】

C 60 M 方式	3
CATV 網	174
CBR	164
CDDI	123
CDMA	13
CGI	155
CIDR	106, 132
CIM	74
CLTS	95
COTS	95
CRC	117
CS	166
CSCW	171
CSMA/CA 方式	123
CSMA/CD 方式	80
CSMA 方式	80

【D】

DA	117
DARPA	98
D-A 変換器	48
DCE	66
DDI	71
DDX	26
DDX-C	26
DDX-P	9, 26
DDX-TP	9, 26
DECNET	75
DES	143
DHCP	103
DISC コマンド	63
DNS	101, 132, 140
DSU	27, 68
DTE	66
D チャネル	9, 69

【E】

EC	42
ED	119
e-Japan 戦略	14
Ethernet	15, 83, 116

【F】

FAQ	151
FC	119, 120
FCS	117
FDDI	82, 122
FDDI-II	123
FDMA	12
fj	147
FM	54
FMBS	71
F-NET	28
FQDN	133
FS	120
FSK	54
FTP	101, 150, 151
FTTH	6, 72, 174

【G】

GI	72
gTLD	134

【H】

HDLC 手順	60
HDTV	7
HTML	153
HTTP	153
hub	86, 118
H チャネル	69

【I】

IANA	102
ICANN	102
ICMP	100, 132
ID	28, 146
IDS	42
IEEE	114
IEEE 802.11	123
IEEE 802.3	116

索引

【I】(続き)

IEEE 802.4	83, 118
IEEE 802.5	82, 119
IEEE 802.X シリーズ	115
IETF	109
IGMP	101, 105
IMAP	141
IMT 2000	13, 30
INS 1500	27
INS 64	26
IP	100
IP over ATM	169
IPv 4	102, 107
IPv 6	102, 107, 172
IP アドレス	99, 101, 102
IP データグラム	99
IP 電話	16
IP マルチキャスト通信	105
ISDN	4, 26, 67
ISDN 回線	26
ISM	57, 123
ISO	75
ISO-2022-JP コード	141
ISP	129
ITU-T	33, 66, 75
IX	129
I シリーズ	70
I フレーム	61

【J】

JPEG	30
JPNIC	103, 107, 133
JPRS	103
JUNET	127

【K】

Ka バンド	29
Ku バンド	29

【L】

LAN	10, 15, 74, 111, 123
LAN Emulation	170
LAPB	66
LAPD	71
LLC 層	115
LPF	46
LSB	47

【M】

MAC	80
MAC over ATM	170
MAC 層	116
MAN	74
MAP	83, 97
MIME	142
MMR	11
MOSS	143
MPEG	6, 30, 172
MPEG 1	6
MR	11
MTA	139
MTBF	44
MUA	139

【N】

$nBmB$ 符号	54
NCC	21
NFS	112
NI 1	68
NIC	102
N-ISDN	6, 68, 157
NNI	162, 166
NNTP	146
NOC	129
NSP	25, 36, 106, 129
NSSP	25, 36
NT 2	68

【O】

OAM	160
OC-12	162
OC-3	162
OFDM	124
OSI	75
OSI 参照モデル	90, 94
OSPF	131

【P】

P 2 P	87
PAM	46
PBX	70, 76
PCI	92
PCM	4, 48, 68
PDH	161
PDU	92
PEM	143
PGP	143
PHS	14, 34
PM	54
PMD 副層	167
POP 3	141
POS	9
PSI-CELP	13
PSK	54
PVC	168

【Q】

QAM	54
QoS	108, 126
QPSK	54
Q 符号化方式	142

【R】

RARP	101
RFC	98, 109
RIP	131
RIP 2	132
R 点	68

【S】

SA	117
SAP	36, 91
SAR 副層	166
SD	119
SDH	11, 162
SDU	92
sendmail	140
SFD	116
SGML	153

SI	72, 74	TPパケット	99	WAN	5, 74
SINET	129	TRT	83	W-CDMA	13
SM	72	TSS	4, 132	WEP	126
SMDS	170	T点	68	WIDE	129
S/MIME	143	【U】		WWW	15, 87, 128, 151
SMTP	101, 140			WWWサーバ	152
SNA	75	UAレスポンス	62	WWWブラウザ	152
SNRMコマンド	62	UBE	144	【X】	
SONET	162	UCE	144		
SPC	22	UDP	101	X.25プロトコル	66
SSH	149	UNI	166	X.400シリーズ勧告	139
SSI	155	UNIX 4.2 BSD	98, 127	XHTML	155
STM	159	URL	152	XML	155
STM-1	162	UTP	167	【Z】	
STP	167	UUCP	127		
SVC	168	U状バス	78	ZigBee	126
S点	68	Uフレーム	61	【数字】	
Sフレーム	61	【V】			
【T】				1次局	61
		VAN	6	1次群速度	161
TA	68	VBR	164	1次群速度インタフェース	69
TCP	101	VC	160, 166		
TCP/IP	98	VHF帯	5	10 BASE 5	118
TCS	167	VOD	170, 172	10 BASE-T	118
TDMA	13	VoIP	16	1000 BASE-SX	118
TDMA方式	80, 81	VP	166	1000 BASE-T	118
TE 1	68	VPN	160	100 BASE-TX	116
TELNET	101, 149	VRML	155	2次局	61
TFTP	102	【W】		4.2 BSD	108
TKIP	126			4B5B	54, 123
TOP	97	W3C	154	802委員会	115

―― 著者略歴 ――

岡田　正（おかだ　ただし）
1971年　津山工業高等専門学校電気工学科卒業
1971年
〜75年　新日本電気(株)勤務
1989年　学術博士（神戸大学）
1990年　津山工業高等専門学校助教授
1997年　津山工業高等専門学校教授
　　　　現在に至る

桑原　裕史（くわばら　ひろふみ）
1974年　慶應義塾大学大学院工学研究科修士課程修了（応用化学専攻）
1985年　工学博士（慶應義塾大学）
1990年　鈴鹿工業高等専門学校助教授
1995年　オハイオ州立大学客員研究員
1995年　鈴鹿工業高等専門学校教授
2013年　都城工業高等専門学校校長
　　　　現在に至る

情報通信システム（改訂版）
Information Network System (Revised Edition)
　　　　　　　　　　　　　　© Tadashi Okada, Hirofumi Kuwabara 1999

1999 年 12 月 27 日　初版第 1 刷発行
2007 年 4 月 27 日　初版第 5 刷発行（改訂版）
2013 年 12 月 15 日　初版第 8 刷発行（改訂版）

検印省略

著　者　　岡　田　　　正
　　　　　桑　原　裕　史
発行者　　株式会社　コロナ社
　　　　　代表者　牛来真也
印刷所　　壮光舎印刷株式会社

112-0011　東京都文京区千石 4-46-10
発行所　株式会社　コロナ社
CORONA PUBLISHING CO., LTD.
Tokyo Japan
振替 00140-8-14844・電話 (03) 3941-3131 (代)
ホームページ http://www.coronasha.co.jp

ISBN 978-4-339-01212-5　（大井）　（製本：グリーン）
Printed in Japan

本書のコピー，スキャン，デジタル化等の無断複製・転載は著作権法上での例外を除き禁じられております。購入者以外の第三者による本書の電子データ化及び電子書籍化は，いかなる場合も認めておりません。

落丁・乱丁本はお取替えいたします

電子情報通信レクチャーシリーズ

■電子情報通信学会編　　　　（各巻B5判）

共通

	配本順			頁	本体
A-1		電子情報通信と産業	西村吉雄著		近刊
A-2	(第14回)	電子情報通信技術史 ―おもに日本を中心としたマイルストーン―	「技術と歴史」研究会編	276	4700円
A-3	(第26回)	情報社会・セキュリティ・倫理	辻井重男著	172	3000円
A-4		メディアと人間	原島博 北川高嗣 共著		
A-5	(第6回)	情報リテラシーとプレゼンテーション	青木由直著	216	3400円
A-6		コンピュータの基礎	村岡洋一著		近刊
A-7	(第19回)	情報通信ネットワーク	水澤純一著	192	3000円
A-8		マイクロエレクトロニクス	亀山充隆著		
A-9		電子物性とデバイス	益一哉 天川修平 共著		

基礎

	配本順			頁	本体
B-1		電気電子基礎数学	大石進一著		
B-2		基礎電気回路	篠田庄司著		
B-3		信号とシステム	荒川薫著		
B-5		論理回路	安浦寛人著		
B-6	(第9回)	オートマトン・言語と計算理論	岩間一雄著	186	3000円
B-7		コンピュータプログラミング	富樫敦著		
B-8		データ構造とアルゴリズム	岩沼宏治著		
B-9		ネットワーク工学	仙田正和 石村裕 中野敬介 共著		
B-10	(第1回)	電磁気学	後藤尚久著	186	2900円
B-11	(第20回)	基礎電子物性工学 ―量子力学の基本と応用―	阿部正紀著	154	2700円
B-12	(第4回)	波動解析基礎	小柴正則著	162	2600円
B-13	(第2回)	電磁気計測	岩崎俊著	182	2900円

基盤

	配本順			頁	本体
C-1	(第13回)	情報・符号・暗号の理論	今井秀樹著	220	3500円
C-2		ディジタル信号処理	西原明法著		
C-3	(第25回)	電子回路	関根慶太郎著	190	3300円
C-4	(第21回)	数理計画法	山下信雄 福島雅夫 共著	192	3000円
C-5		通信システム工学	三木哲也著		
C-6	(第17回)	インターネット工学	後藤滋樹 外山勝保 共著	162	2800円
C-7	(第3回)	画像・メディア工学	吹抜敬彦著	182	2900円
C-8		音声・言語処理	広瀬啓吉著		
C-9	(第11回)	コンピュータアーキテクチャ	坂井修一著	158	2700円

配本順			頁	本体
C-10		オペレーティングシステム		
C-11		ソフトウェア基礎	外山芳人著	
C-12		データベース		
C-13		集積回路設計	浅田邦博著	
C-14	(第27回)	電子デバイス	和保孝夫著	198	3200円
C-15	(第8回)	光・電磁波工学	鹿子嶋憲一著	200	3300円
C-16		電子物性工学	奥村次徳著	160	2800円

展開

D-1		量子情報工学	山崎浩一著		
D-2		複雑性科学			
D-3	(第22回)	非線形理論	香田徹著	208	3600円
D-4		ソフトコンピューティング	山川尾烈 堀尾恵二 共著		
D-5	(第23回)	モバイルコミュニケーション	中川正雄 大槻知明 共著	176	3000円
D-6		モバイルコンピューティング			
D-7		データ圧縮	谷本正幸著		
D-8	(第12回)	現代暗号の基礎数理	黒澤馨 尾形わかは 共著	198	3100円
D-10		ヒューマンインタフェース			
D-11	(第18回)	結像光学の基礎	本田捷夫著	174	3000円
D-12		コンピュータグラフィックス			
D-13		自然言語処理	松本裕治著		
D-14	(第5回)	並列分散処理	谷口秀夫著	148	2300円
D-15		電波システム工学	唐沢好男 藤井威生 共著		
D-16		電磁環境工学	徳田正満著		
D-17	(第16回)	VLSI工学 ─基礎・設計編─	岩田穆著	182	3100円
D-18	(第10回)	超高速エレクトロニクス	中村徹 三島友義 共著	158	2600円
D-19		量子効果エレクトロニクス	荒川泰彦著		
D-20		先端光エレクトロニクス			
D-21		先端マイクロエレクトロニクス			
D-22		ゲノム情報処理	高木利久 小池麻子 編著		
D-23	(第24回)	バイオ情報学 ─パーソナルゲノム解析から生体シミュレーションまで─	小長谷明彦著	172	3000円
D-24	(第7回)	脳工学	武田常広著	240	3800円
D-25		生体・福祉工学	伊福部達著		
D-26		医用工学			
D-27	(第15回)	VLSI工学 ─製造プロセス編─	角南英夫著	204	3300円

定価は本体価格+税です。
定価は変更されることがありますのでご了承下さい。

図書目録進呈◆

電気・電子系教科書シリーズ

(各巻A5判)

- ■編集委員長　高橋　寛
- ■幹　　　事　湯田幸八
- ■編集委員　　江間　敏・竹下鉄夫・多田泰芳
  　　　　　　　中澤達夫・西山明彦

配本順			著者	頁	本体
1.	(16回)	電気基礎	柴田尚志・皆藤新二 共著	252	3000円
2.	(14回)	電磁気学	多田泰芳・柴田尚志 共著	304	3600円
3.	(21回)	電気回路Ⅰ	柴田尚志 著	248	3000円
4.	(3回)	電気回路Ⅱ	遠藤　勲・鈴木靖彦 共著	208	2600円
5.		電気・電子計測工学	西山明彦・吉沢昌純・鈴木二郎・遠藤　正 共著		
6.	(8回)	制御工学	下西二鎮・奥平鎮正・青木立幸・西堀俊幸 共著	216	2600円
7.	(18回)	ディジタル制御	青木立幸・西堀俊幸 共著	202	2500円
8.	(25回)	ロボット工学	白水俊次 著	240	3000円
9.	(1回)	電子工学基礎	中澤達夫・藤原　勝幸 共著	174	2200円
10.	(6回)	半導体工学	渡辺英夫 著	160	2000円
11.	(15回)	電気・電子材料	中澤達夫・押山森須田・藤田原・服部英弘 共著	208	2500円
12.	(13回)	電子回路	土伊若吉室山・田原海賀下・健英充弘昌進・二博夫純也厳 共著	238	2800円
13.	(2回)	ディジタル回路		240	2800円
14.	(11回)	情報リテラシー入門		176	2200円
15.	(19回)	C++プログラミング入門	湯田幸八 著	256	2800円
16.	(22回)	マイクロコンピュータ制御プログラミング入門	柚賀千代谷・正光慶 共著	244	3000円
17.	(17回)	計算機システム	春日館泉・雄幸充・健治八博 共著	240	2800円
18.	(10回)	アルゴリズムとデータ構造		252	3000円
19.	(7回)	電気機器工学	前新・湯伊田谷・邦勉弘敏 共著	222	2700円
20.	(9回)	パワーエレクトロニクス	江間橋間・勲章敏 共著	202	2500円
21.	(12回)	電力工学	江甲三吉・隆成彦機 共著	260	2900円
22.	(5回)	情報理論	高江甲三竹吉・英鉄英夫 共著	216	2600円
23.	(26回)	通信工学	吉竹宮田部・豊克稔正 共著	198	2500円
24.	(24回)	電波工学	吉松宮岡・田部田原・裕唯孝充 共著	238	2800円
25.	(23回)	情報通信システム(改訂版)	南桑植松・原月原箕 共著	206	2500円
26.	(20回)	高電圧工学		216	2800円

定価は本体価格+税です。
定価は変更されることがありますのでご了承下さい。

◆図書目録進呈◆